一本搞定
生成式

謝孟諺 Mr.GoGo——著

AI

　　ChatGPT，這個名字對許多人來說似乎既熟悉又陌生，但究竟它代表了什麼？讓我們深入探究。首先，讓我們將這個名字拆解為兩部分：「Chat」和「GPT」。GPT，或稱為「生成式預測模型」，是一種人工智慧技術，它在近年來已經逐漸融入我們的日常生活。回顧歷史，你還記得二十年前，那個震撼世界的時刻嗎？

　　當時，**深藍電腦**[1]戰勝世界國際象棋冠軍；如果這對你來說很遙遠，那

▲ 圖 0-1：深藍電腦戰勝了國際棋王。
資料來源：Dall-E 產生示意圖

1　「深藍（Deep Blue）」是一台由 IBM 開發的超級電腦，它在 1997 年戰勝了當時的世界國際象棋冠軍加里‧卡斯帕羅夫（Garry Kasparov）。這是人工智能領域的一個重大突破，因為它標誌著計算機程序首次在這種高水平的智力遊戲中戰勝了人類冠軍。深藍的勝利不僅展示了計算機處理複雜任務的能力，也引發了對人工智能發展潛力和未來影響的廣泛討論。

▲ 圖 0-2：AlphaGo 擊敗棋王。

資料來源：Dall-E 產生示意圖

或許你會記得 2016 年，當 **AlphaGo**[2]（一款人工智慧系統）擊敗世界圍棋冠軍。不管你是否記得這些事件，它們都標誌著一個重要的事實：即使在那時，人們也沒有預見到人工智慧將在我們生活中扮演如此關鍵的角色。

然而，2021 年 11 月，ChatGPT 的出現顛覆了我們對人工智慧的認知。而這個名字中的「GPT」三個字母，標誌著一個新時代的開始，一個人工智慧不僅僅在專業領域發揮作用，更是日常生活中不可或缺的一部分。ChatGPT 的創新之處，在於它將先進的 AI 技術融入日常溝通，打開了人

---

2 AlphaGo 是由 Google DeepMind 開發的一款人工智能程式，它在 2016 年戰勝了世界圍棋冠軍李世石（Lee Sedol）。這場比賽是人工智能發展史上的一個重要里程碑，因為圍棋被認為是所有棋類遊戲中最複雜的，在此之前普遍認為人工智能在可預見的未來難以在這個領域戰勝頂尖的人類選手。AlphaGo 的勝利不僅展示了深度學習和人工智能技術的巨大潛力，也引發了對人工智能在各行各業應用前景的廣泛討論。

工智慧與人類互動的新篇章。

為什麼叫做 GPT ？跟以往人工智慧有什麼不同？

GPT 是 Generative Pre-trained Transformer 的縮寫，意即生成式預訓練的 Transformer 模型。現在讓我們來逐一了解這三個字代表什麼意思。

首先來談談「G」，這代表「Generative」，中文翻譯為「生成式」。這表示這種 AI 模型的主要功能是創造出新的資料。AI 有許多不同的種類，過去我們較常見的是用於分辨型的 AI，比如手機上用於解鎖的人臉識別功能，就是利用分辨型 AI 達成的。然而，生成式 AI 則是一項相對於識別更為複雜的技術，它能夠創造出新的文字、圖片、影片等各種類型的資料。

接下來是「P」，代表「Pre-trained」，中文解釋為「預訓練」。這指的是 AI 模型在使用之前已經完成了一定程度的訓練。GPT 模型的訓練最初是採用「無監督式」，即不涉及人工干預，也無需對數據進行特定的標注，而是將大量網路上的資料直接輸入模型中進行學習。經過無監督式訓練的階段後，模型會進一步進行「微調」，這一階段涉及人類的介入，以調整和優化模型，使其輸出更符合人類的偏好和需求。

最後的「T」代表「Transformer」，是由 Google 大腦（Google Brain）在 2017 年提出的一種深度學習模型架構，其核心機制是基於「注意力機制（attention mechanism）」來進行預測。GPT 就是建立在這種 Transformer 架構之上，並在此基礎上進行進一步的發展和優化。

透過對「Chat」和「GPT」兩詞的深入理解，我們可以揭示 ChatGPT 這款聊天機器人的本質：它是一種生成式的人工智慧。這種 AI 能創造全新的內容，且經過特殊的預訓練，使其能夠生成更接近人類偏好的回答，營造出彷彿擁有智慧的錯覺。

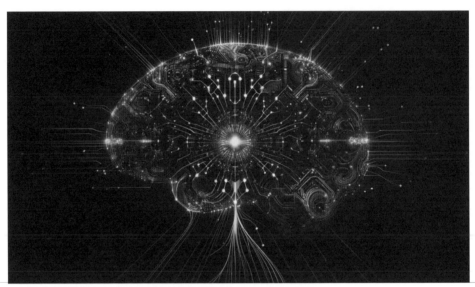

▲ 圖 0-3：GPT 人工智慧的大腦。
資料來源：Dall-E 產生示意圖

在這個技術領域裡，GPT 可被視為生成式人工智慧的「大腦」，而 Chat 則是指專注於對話的機器人。目前，一些知名的對話 AI 包括 ChatGPT、Claude 3、Bing 和 Google Bard。另外，我們還有針對圖像創作的 AI，如 Midjueny、DALL-E、PlayGround 和 Stable Diffusion 等，以及專注於影片創作的 AI，如 Runway、Stable Video 和 Pika 等。隨著技術的進步，我們可以期待越來越多這樣的應用將逐漸出現在我們的日常生活中。

換個角度來看，生成式人工智慧主要擅長於模仿人類的語言模式，從而提供看似準確的回答。然而，這並不意味著 ChatGPT 對現實世界有深入的理解，因此，它偶爾給出錯誤的回答也是在所難免的。雖然許多開發生成式 AI 的公司都致力於改善這一問題，但目前仍然沒有任何一家能夠保

證完全避免錯誤。按照現有技術水平，完全避免這些錯誤似乎還不太可能。

因此，使用 AI 技術的每個人都應承擔起核查信息真實性的責任。這不僅是對技術進步的尊重，也是對倫理的重視。想像一下，如果你是一位主廚，而 ChatGPT 是你的助理廚師，作為主廚，你有責任監督助理廚師的工作，以確保最終成品的品質。畢竟，不能讓助理廚師隨意烹飪，否則主廚又有何用？如果你能夠理解這一點，你將會擁有一位強大而且永不疲憊的助手，幫助你完成許多工作。

我們正處於一個 AI 技術蓬勃發展的時代，各種創新的 AI 應用層出不窮，遠遠超出了 ChatGPT 的內容生成範疇。在這個快速變化的環境中，僅僅掌握 ChatGPT 等對話型 AI 的知識遠遠不夠，要想在未來的 AI 領域中

▲ 圖 0-4：AI 永不疲憊的助手。
資料來源：Dall-E 產生示意圖

脫穎而出，你需要採用一種多元化的學習策略，深入了解並掌握廣泛的 AI 技術。

本書旨在提供一個全面的 AI 技術概覽，從基礎到進階，涵蓋了當今最激動人心的技術進展。其中包括 AI 在圖像生成、影片製作、面部替換（AI 換臉）、聲音複製以及個人數字化複製等領域的應用。這些技術的發展不僅推動了媒體和娛樂行業的創新，也為健康、教育、安全等領域提供了前所未有的解決方案。

本書將帶領讀者逐步了解這些技術背後的原理，探討它們的應用場景以及潛在的挑戰。我們將深入研究 AI 如何模仿、擴展，甚至超越人類的創造力，同時闡述如何在道德和法律框架內負責任地使用這些強大的工具。

閱讀本書後，你將對 AI 的廣泛應用有一個清晰的認識，並且對於如何在未來的工作和生活中利用這些技術有更深的理解。無論你是 AI 領域的新手，還是有經驗的從業者，這本書都將為你提供寶貴的知識和洞察力，幫助你在 AI 時代保持競爭力。

CONTENTS　目錄

PART

1

更具人性且靈活的
內容生成式人工智慧

——— 本章學習重點 ———

- 生成式人工智慧的核心原理和應用場景。
- ChatGPT 及其進階版 ChatGPT Plus 的功能和特點。
- 其他生成式 AI 平台的比較,包括 Claude、Copilot 和 Gemini。
- 如何有效利用這些工具來解決實際問題,例如翻譯、內容生成和
  摘要提取。

內容生成式人工智慧，顧名思義就是產生文字內容的人工智慧，就像是個嘴巴將 GPT（生成式預訓練轉換器）這個大腦想的東西給說出來，可以說它是飽讀詩書的專家，也可以說是說得一嘴專業的專家。如果你只是想要文字內容，對於工作或學業來說，這已經佔了好大一部分的比例，因此 **ChatGPT（聊天生成式預訓練轉換器）**[1] 爆紅也不是沒有道理。這一章節將介紹各家內容生成式人工智慧，或許有些人會疑惑 ChatGPT 已經很好用了，為什麼還要試用別家呢？試想一個成功的企業或個人，都希望能幫忙的專家越多越好，請用成功的思維看待這件事。況且各家特色不同，使用各家後挑出最滿意的快速完成任務，這才是新 AI 時代所需要的人才。

目前有哪些比較強大且常見的內容生成式人工智慧？

在過去一段時間裡，許多頂尖的個人和企業都在使用像是 ChatGPT 這

▲ 圖 1-1：會說話的大腦。
資料來源：作者提供

---

1 關於付不付費的問題，作者的建議是如果單純為了大學或是高中學業報告，可以不需要用到付費版本，但如果是為了論文或是工作上的需求，強烈建議 ChatGPT，甚至是其他內容生成式 AI 付費版本，都是很值得投資的工具。

▲ 圖 1-2：內容生成式 AI。
資料來源：作者提供

樣的先進人工智慧工具，這些工具不僅改變了傳統的生產和工作方式，更創造了新的價值。然而，真正理解並有效運用這些人工智慧的人還是相對較少，除了使用上的門檻等客觀因素，我認為主要的原因是缺乏明確的學習方向和結構化的學習途徑。

根本問題在於，大部分人缺乏清晰的學習方向和結構化的學習路徑。在學校，老師會指導學生逐步掌握學科知識，然而在實際生活中，我們往往在確定學習方向上花費太多時間，而非專注於學習本身。

因此，本書的目的是作為一本 AI 學習指南，旨在協助更多人更有效地找到學習人工智慧的正確方向。下節將介紹四大常見的內容生成式 AI，並利用範例教學使其理解各個人工智慧的不同之處。

1-1　聽得懂人話的 ChatGPT

ChatGPT 是 OpenAI 於 2022 年 11 月 30 日推出的一款基於人工智慧的對話機器人。它建立在 GPT（生成式預訓練轉換器）技術之上，這是一種專門設計來處理和創建自然語言文本的深度學習模型。這款聊天機器人能夠理解人類的問題或指示，並產生流暢且相關的文字回答。ChatGPT 擁有廣泛的語言和主題知識庫，能在對話過程中根據用戶的風格和需求進行學習和調整。到 2023 年 1 月底，ChatGPT 的月活躍用戶數已經超過 1 億，成為歷史上增長速度最快的消費者應用之一。它被廣泛運用於客戶支持、

線上諮詢、教育指導和內容創建等多個領域，受到用戶的喜愛，因為它能提供即時且定制化的反饋。隨著技術的持續發展，ChatGPT 和其他類似的 AI 工具正變得更加智慧化和實用。[2]

1-1-1　ChatGPT Plus 是什麼？

ChatGPT Plus 版是 OpenAI 推出的進階版本，也可以說是付費版本，或可說是 ChatGPT 4，每個月 20 美金，相較於標準的 3.5 版，它擁有更多的參數和更強大的計算能力，使其能夠產生更加豐富和複雜的回答。這包括能夠處理更長的對話、上下文，增強對話的流程以及支持多模態交流，如圖片、語音、文字和文件等。Plus 版的一大特點是其網路連接能力，允許用戶查詢最新的資訊。此外，它還支持插件接入，目前官方插件商店已經提供了 700 多個插件，這些插件擴展了 ChatGPT 的功能，使其能夠完成更多任務，如預訂酒店和機票、分析市場數據、整理與總結網站文章和學術論文等。

1-1-2　該如何使用 ChatGPT ？

打開官方網站（官方網址：http://chat.openai.com）並登錄帳號，就會看見如圖 1-3 的介面。

1. 可以在介面下方對話框直接輸入問題，開始與 ChatGPT 對話。

2. 點擊左上角 newchat 開啟新的對話（GPT 有記憶上下文的功能，每個不同的對話最好開新的對話框進行）。

3. Plus 版本用戶可以在頁面左上角切換模型版本。

4. 點擊左下角用戶名處，可以找到訂閱信息、設置、幫助等。

1-1-3　範例：使用 ChatGPT 增加你的單字量

很多人說可以用 AI 人工智慧來學英文，聽起來很理想，但大部分人

2　ChatGPT 3.5 為免費版本，ChatGPT 4 或將來更高版本為付費版。

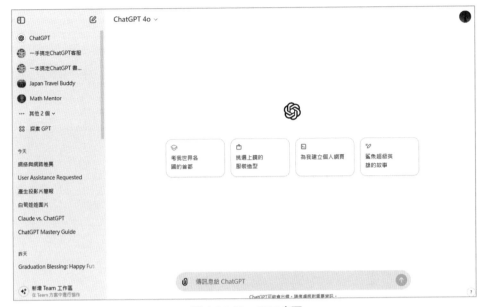

▲ 圖 1-3：ChatGPT 介面。
資料來源：ChatGPT 網站

真的知道怎麼用嗎？我問他一句中文，它回我一句英文，這樣真的可以學得好英文嗎？我的答案是不容易的，如果這樣就學得好的人，我相信不用 AI 人工智慧也能學得很好，所以我提供不錯的學習英文方法，我們來試試看吧！

假設你需要背誦多益、托福、雅思等單字，目前的做法還在認真抄句子、查單字、枯燥的背誦嗎？是不是常常熱血沸騰的開始，悻悻然的結束，原因是使用單字書背單字因為單字都太遙遠了，感覺都用不上，所以記不住。但是如果背的是你喜歡的議題，我相信你會更有背誦的動力，這時 AI 就能派上用場了。

這時你就可以利用 ChatGPT 尋找一些近期想用或感興趣的單字，隨機從想學的課本裡面抽取單字來進行各個組合句子，例如最近談戀愛，即可利用 ChatGPT 產生一些關於談戀愛表述的單字及句子，除了學習外，還可以傳給你的另一半。接下來我就來教教大家怎麼做。

Step1：先思考 ChatGPT 要怎麼配置句子與單字。

1. 單字
2. 英文解釋
3. 中文意思
4. 造句

Step2：在 ChatGPT 填入以下的**提示詞（prompt）**[3]。

幫我找 10 個關於愛情的雅思單字，以及 2 個關於日常生活的造句，並做成表格。

第一欄位為英文單字

第二欄位為英文解釋

第三欄位為中文意思

第四欄位為第一個英文造句，關於日常生活的句子

第五欄位為第二個英文造句，關於日常生活的句子

第六欄位為第四欄位的中文解釋

第七欄位為第五欄位的中文解釋

這個提示詞適用於所有的內容生成式 AI，透過這樣的做法你將可以每日產出 10 個單字與句子，並且還是你感興趣的議題，這樣學英文不進步也難。

---

3 「Prompt（提示詞）」是指在自然語言處理和生成任務中，用於引導人工智慧模型生成特定內容的指令或問題。提示詞可以是一個問題、命令或描述性的文字，目的是為了提供模型生成內容時所需的上下文或方向。以下是幾個提示詞的例子：

一、問題提示詞：提出一個具體的問題，要求模型提供解答。例如：「請解釋什麼是量子力學？」

二、命令提示詞：給出一個具體的指令，要求模型執行某個任務。例如：「請寫一篇關於人工智慧未來發展的文章。」

三、描述性提示詞：提供一些背景信息或情境描述，要求模型基於這些信息生成相關內容。例如：「描述一個美麗的海邊日落。」

在生成內容時，提示詞的質量和清晰度直接影響生成結果的質量。因此，精心設計的提示詞能夠更好地引導模型生成符合預期的高質量內容。

1-2 比 ChatGPT 更接近人類的 Claude 3

Anthropic 公司推出了一款名為 Claude 的 AI 模型，提供類似於 ChatGPT 的人機對話互動體驗。透過網頁平台或使用其 API，用戶能夠將 Claude 整合到自家的業務應用中。

ChatGPT

以下是10個關於愛情的雅思單字，以及兩個關於日常生活的造句，做成表格：

英文單字	英文解釋	中文意思	第一個英文造句（關於日常生活）	第二個英文造句（關於日常生活）
Romance	A feeling of love	浪漫	Their romance blossomed under the starry night sky.	She enjoys reading romance novels in her free time.
Affection	A gentle feeling of	感情、情感	The couple showed affection by holding hands.	Grandparents often show affection to their grandchildren.
Passion	Intense love or	熱情	His passion for music drove him to become a musician.	She pursued her passion for painting as a hobby.
Devotion	Loyalty and	忠誠	Their devotion to each other was unwavering.	His devotion to his job earned him a promotion.
Intimacy	Close and personal	親密	The couple valued their intimacy and shared secrets.	Intimacy is an important aspect of a healthy marriage.
Commitment	A promise or	承諾	Their commitment to each other lasted a lifetime.	Her commitment to environmental causes was evident.
Adoration	Deep love and	崇拜	He looked at her with adoration in his eyes.	The fans' adoration for the celebrity was evident.
Compatibility	The ability to	相容性	Their compatibility made their relationship strong.	Compatibility in values is essential for a lasting bond.
Heartfelt	Sincere and deeply	衷心	She sent him a heartfelt letter on his birthday.	His heartfelt apology moved her to tears.
Tenderness	Gentle and caring	溫柔	His tenderness towards animals was heartwarming.	The mother's tenderness soothed her crying baby.

希望這個表格有幫助！如果你需要更多資訊或有其他問題，請隨時告訴我。

▲ 圖 1-4：ChatGPT 回應。

資料來源：ChatGPT 網站

官方介紹顯示，Claude在文字處理方面表現卓越，不僅能創造出各類文本如文件、信函和問答集，還能進行編輯、改寫、概括及分類等工作。這款AI能夠自然地與用戶進行對話，模仿不同的角色，營造出與真人交談的感覺。得益於龐大的訓練數據庫，Claude能夠掌握多種語言和程式編碼技能，並且在許多文化和專業領域中提供專業知識。此外，它還能實現工作流程的自動化，根據用戶的指令邏輯完成任務。

儘管如此，Claude並不具備網頁訪問功能，但用戶仍然可以透過輸入外部資訊與它互動。這款AI堅持Anthropic的核心價值觀，旨在創建有益、誠實且無害的內容，這一原則稱為「HHH」（Helpful, Honest, and Harmless），即有幫助、誠實和無害。Anthropic透過特殊的訓練方法來達成這一目標，以期能滿足開發者對AI行為的期望。

1-2-1 該如何使用 Claude ？

打開官方網站（官網網址：https://claude.ai/）並登錄帳號，只要輸入電子信箱或者用Google帳號，即可開啟註冊程序，就會看見以下用戶介面。

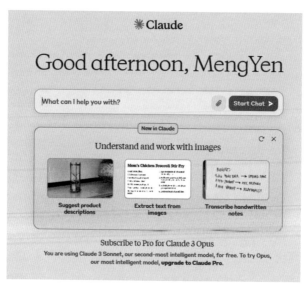

▲ 圖 1-5：Claude 介面。

資料來源：Claude 網站

這樣就可以開始探索 Claude 的功能了。當你啟動 Claude，你會使用的是最新版的 Claude 3。除了基本的問答回應外，一項新的功能是 Claude 現在能夠解析圖像，從中提取重要信息。

Claude 提供的互動體驗與 ChatGPT 相似，允許用戶進行詳盡的問答對話。然而，Claude 的一大特色是它能夠處理更長的輸入內容，這意味著你可以向它提供更多信息，而且它能夠有效「保持」這些信息的上下文關係。

1-2-2 範例：使用 Claude 分析、翻譯長篇文章

Step1：下載一篇英文文章，可以是 PDF 或是複製文字。

Step2：填入以下提示詞，然後送出。

「幫我把以下文章翻譯成雙語，並做成表格，一句英文在左，一句英文在右。」[4]

▲ 圖 1-6：貼上文章文字與提示詞。
資料來源：Claude 網站

---

4 以上提示詞內容有誤，原意「幫我把以下文章翻譯成雙語，並做成表格，一句英文在左，一句中文在右，然後送出。」但 GoGo 打成「幫我把以下文章翻譯成雙語，並做成表格，一句英文在左，一句英文在右，然後送出。」可是 Claude 很聰明的自動幫我修正了，生成的表格為一句英文在左，一句中文在右。

這個提示詞適用於所有的內容生成式 AI，但每家使用的核心不同，翻譯都會有些不一樣，不過經過作者多方測試，各家生成式 AI 翻譯實力都超出一般水準，請放心使用。

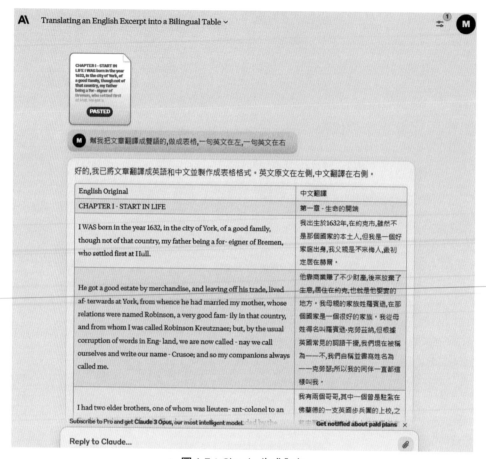

▲ 圖 1-7：Claude 生成內容。

資料來源：Claude 網站

1-3　工作上最得力的 AI 小幫手—— Copilot

一開始，先淺談一下 Windows Copilot 的概念。該名稱借鑒了航空術語中的「Copilot」，即副駕駛的概念。在航空領域，副駕駛負責輔助主駕駛，並在主駕駛休息或忙於其他任務時接手飛行控制，以確保飛行安全。

將這一概念應用於科技領域，使用電腦的我們可以被視作是「駕駛員」，而 AI 技術則充當我們的「副駕駛」，在需要時為我們提供助力。以 Windows 11 為例，當你準備開始工作並追求更高效的工作方式時，可以啟動 Copilot 並詢問如何提升工作效率，Windows Copilot 將會建議你開啟專注模式，並切換到更易於集中注意力的深色界面設置。

Windows Copilot 提供的功能遠不止於此，它能夠為你處理各種問題。比如，當你面對一份過於冗長而難以閱讀的文件時，你只需將該文件拖拽至 Copilot 介面，AI 將會概括該文件的主要內容，實現快速閱讀的效果。

Copilot 還能夠協助你重新編寫或解釋文件內容，從而提升工作效率。換句話說，雖然 Copilot 不能完全代替你完成所有工作，但它能夠減少你在重複性勞動上的時間消耗，讓你從繁瑣的數字工作中解脫出來。

微軟對 Copilot 的理念是將其視作一種利用自然語言處理技術或高級語言模型（如 GPT-4）的應用或功能模塊，旨在協助用戶處理更加複雜或需要高度認知的任務。

1-3-1　該如何使用 Copilot ？

方法一：

點擊電腦桌面右下方 Copilot 圖示或者按下 Win+C 快捷鍵，即可叫出 Windows Copilot 的介面。如果你用過 Bing Chat 或者 Edge 瀏覽器上的 Bing 側邊欄，你會發現三者非常像，都可以選擇不同的聊天風格，更有創造力、更正式，或者取得平衡。

▲ 圖 1-8：Copilot 介面。
資料來源：Copilot 網站

方法二：

進入 Bing（必應）網站 https://www.bing.com/，點擊 Copilot 圖示。

▲ 圖 1-9：Bing 網站。
資料來源：Bing 網站

▲ 圖 1-10：網頁版 Colpilot。
資料來源：Colpilot 網站

範例：分析公司財報，並列出重點摘要

填入「分析以下財報並列出重點摘要」（附上台積電財報網址）。

▲ 圖 1-11：Copilot 產出。
資料來源：Copilot 網站

目前，免費 AI 服務中能夠分析網頁內容的選擇不是很多，只有 Copilot 和 Gemini 提供這類功能。你可以將網址提供給這些 AI 進行分析，這是一項相當實用的功能。因此，當你需要這樣的服務時，不妨考慮使用 Copilot 或 Gemini。

1-4　拆解及組織內容更為出色的大型語言模型 ── Gemini

隨著 ChatGPT 引領生成式 AI 技術的快速發展，各大科技公司也在積極擴展他們在 AI 研究領域的努力。身為 AI 創新的先行者之一，Google 不甘落後，推出了自己的生成式 AI 聊天機器人 Bard，旨在與 ChatGPT 匹敵，並進一步推出了自主開發的 AI 語言模型 Gemini，進而豐富 Google AI 的生態系統。大約在 Gemini 推出兩個月後，Google 將 Bard 正式改名為 Gemini，使得 Gemini 不僅代表 Google 的語言模型，也成為了其生成式 AI 聊天機器人的名稱。

在 Gemini 成為 Bard 的新名稱之前，它已經採用了更進階的 Gemini Pro 模型，該模型以其處理大量內容以及提升理解、摘要和推理能力而自豪。在這次的測試中，我們將數篇長文章提交給 Gemini 進行分析，其中一些長達一萬字，結果顯示它能夠有效的進行文章摘要和內容重組，並且提供的摘要邏輯一致，有時甚至會自動生成表格，以便於比較和閱讀。Gemini 還提供三種草稿版本，允許用戶重新生成以獲得不同的摘要。不過，它偶爾會出現語言混淆和回答不切題的情況。

1-4-1 該如何使用 Gemini ？

打開官方網站（官網網址：https://gemini.google.com/app）並登入 Google 帳號，就會看見以下用戶介面：

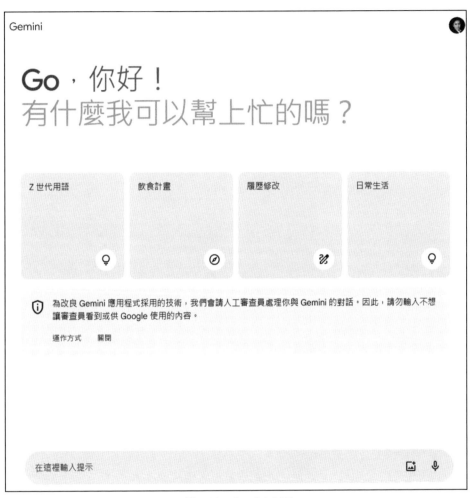

▲ 圖 1-12：Gemini 介面。
資料來源：Gemini 網站

1-4-2 範例：分析長篇故事，並將故事分類與重點整理

　　登入全新的 Gemini，也帶來新的介面，直接於下方下達指令給 Gemini，並貼上要分析的長文，此例大約 5,000 字。

Step1：貼上白雪公主的故事，請 Gemini 協助故事分類與重點。

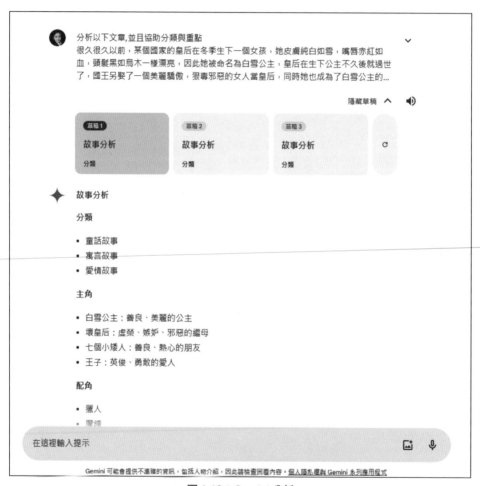

▲ 圖 1-13：Gemini 分析。
資料來源：Gemini 網站

Step2：預設提供三個版本的草稿作為選擇，如果不滿意，可以按下重整
符號。

▲ 圖 1-14：三個草稿供選擇。
資料來源：Gemini 網站

在面對篇幅冗長的文章時，若時間有限，利用 AI 來提煉摘要和關鍵
要點無疑能節省大量時間。就個人而言，我認為 Gemini 在拆解和組織內容
方面表現出色，而且提供三個草稿版本供選擇，這大大提高了效率。

ChatGPT、Claude、Copilot 和 Gemini 這些內容生成式 AI 工具，對於
處理大量資訊和內容創作提供了巨大幫助。它們能快速生成文本、摘要和
翻譯，大幅提升學習及工作效率。這些工具的多樣化服務和靈活的價格方
案，讓我們能根據需要選擇最適合的服務。這些 AI 工具已成為提升工作
及學習效率不可或缺的助手，所以善用這些工具，將使你的生活與工作更
加便捷與增進效率。

PART

2

動動手指即有你想要的圖片
——圖片生成式人工智慧

———————————————— 本章學習重點 ————————————————

· 了解生成式 AI 在圖像生成方面的技術原理，特別是 GAN 和
Diffusion 模型的工作機制。
· 掌握 Midjourney、Dall-E 和 Stable Diffusion 等主要圖像生成工
具的功能和特點。
· 學習如何有效利用這些工具，為不同的應用場景創作出滿足需求
的圖像。

▲ 圖 2-1：Midjourney、Dall-E 和 Stable Diffusion 圖片生成魔法師。
資料來源：作者提供

　　人工智慧（AI）在繪圖領域的創新，特別是透過如 Midjourney、Dall-E 和 Stable Diffusion 等工具，已經為藝術、設計和娛樂等多個領域帶來了前所未有的變革。這些工具使得創作過程不僅更加高效，也更具包容性，讓沒有專業繪畫技能的普通人也能輕鬆創造出精美的藝術品。

　　Midjourney 等平台讓用戶可以透過輸入關鍵字，如超現實主義風格、特定藝術家的名字等，來指導 AI 創作出想要的圖像。這一過程不僅迅速，大約在 30 秒到 1 分鐘內就能看到成果，而且極其用戶友好，即使生成的結果不盡如人意，用戶也可以透過提供更多的參考資料或關鍵字來改善輸出。

2-1　圖片生成式 AI 的演變史

GAN 模仿

　　講到 AI 生圖不能不提 GAN[1]，早期便有人利用生成對抗網路（GAN）進行圖像創作，甚至有作品被高價拍賣。GAN 全名為 Generative Adversarial Network，Diffusion 模型（現在主流軟體使用的模型）出來之前，GAN 一直是 AIGC 畫圖領域中主要研發的演算法架構，但這些初期的實驗更多是技術展示，而非藝術創作的新篇章。

　　GAN 透過讓兩個神經網路：一個生成器和一個鑑別器，相互對抗來生成圖像。雖然這一技術取得了一定的成果，但其訓練過程複雜且僅限於特定類型的圖像生成。

▲ 圖 2-2：Gan 小偷與警察變強過程。
資料來源，作者提供

1　GAN 就是警察與小偷之間展開了一場智力角力。

在這場遊戲中，小偷專門製造假冒商品，而警察則負責鑑定商品的真偽。隨著小偷不斷精進其造假技術，警察也持續提升辨識能力，而當警察無法再分辨真品與偽品之際，即表示小偷已能成功混淆視聽，此時模型的訓練便告一段落。

Diffusion Model 創造

相比之下，擴散模型（Diffusion Model）的出現標誌著 AI 繪圖技術的一大飛躍。這些模型從一張加入了隨機噪點的完整圖片開始，透過逐步去除噪點的過程學習生成圖像，這一過程不僅簡化了模型的訓練，也大大擴展了生成圖像的多樣性和創造性。擴散模型的訓練過程涉及到逐步添加和去除噪點，從而使模型能夠在輸出階段「無中生有」，創造出全新的圖像。

這些技術的進步不僅推動了 AI 繪圖工具的發展，也帶來了全新的職業機會，如 AI 溝通師，他們專門與 AI 繪圖工具交流，以創造出符合特定

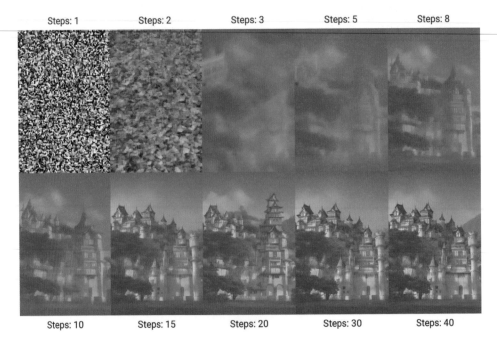

▲ 圖 2-3：擴散模型的去噪過程。

資料來源：維基百科

需求的圖像。Diffusion Model（擴散型模型），現在大家都在使用的應用都跟這個模型有關係，而 Stable diffusion & MidJourney & DALL-E 都是基於擴散型模型衍伸出來的。

2-1-1 關鍵產品的應用案例

再說明簡單一點，擴散模型（Diffusion Model）逐步成為主流並開始超越生成對抗網路（GAN）的原因，在於其模型訓練過程的簡化。與 GAN 相比，擴散模型只需對生成器進行訓練，省去了同時訓練生成器和鑑別器的需求，從而降低了訓練的複雜性。

此外，結合先進的自然語言處理模型，擴散模型能夠創造出高度多樣化的圖像。這一切的創新和進步，在短短兩年內便將 AI 生成圖像技術推至新高度，並實現了產品化。以下簡要概述一些關鍵的產品應用案例：

1. 2021 年 1 月，OpenAI 推出了 DALL-E，一種未公開原始碼的模型，並發表了標題為「擴散模型在圖像合成上超越 GAN」的研究論文。DALL-E 基於 GPT-3 技術，是一種能夠實現多模態功能的模型，同時也是知名 ChatGPT 的前身。

2. 2021 年 10 月，Disco Diffusion 作為一款開源軟件問世，其背後的技術隨後被用於開發多種產品。

3. 2022 年 4 月，OpenAI 再次引入創新，發布了 DALL-E 2，這是一款能夠根據文字描述創造出獨特且逼真圖像和藝術品的先進模型，同樣未公開原始碼。

4. 2022 年 7 月，Mid-Journey 開始公測，這是一個由 Disco Diffusion 創辦人之一參與的新項目，也未公開原始碼。

5. 2022 年 8 月，Stability.ai 發布了 Stable Diffusion，標誌著 AI 繪圖技術的一個重要進展階段，這款軟體是開源的，為 AI 繪圖領域帶來了顯著的發展。

接下來就帶大家進入 AI 圖片生成的世界，作者將以 Dall-E 與 Stable diffusion 來帶著大家實作。

2-2 只要打字，你也能成為藝術家——Dall-E

DALL-E 是 OpenAI 開發的先進人工智慧圖像生成模型，能夠根據文字描述創建獨特且逼真的圖像。這個名稱向藝術家薩爾瓦多·達利（Salvador Dalí）和動畫角色華力士（WALL-E）致敬，象徵著藝術與技術的結合，模型能夠理解複雜的描述並生成相應的創意圖像。其升級版本，如 DALL-E 2，提供更高的圖像質量、更細緻的細節以及改進的圖像編輯功能。這項技術不僅推動了 AI 在藝術創作領域的應用，也為設計、廣告和娛樂行業開闢了新的可能性。

作者長久以來都是 Midjourney 的堅定擁護者，但自從 ChatGPT PLUS 加入了 DALL-E，作者對 Midjourney 的忠誠度開始受到考驗。GPT-4 和 DALL-E 的結合，為 AI 繪圖提供了前所未有的便利和強大功能。

▲ 圖 2-4：以「泰迪熊用 1990 年代技術在水底研究新的人工智慧創造」為提示詞，
DALL-E2 產生的圖片。

資料來源：維基百科

這一節將分享作者在使用 DALL-E 時發現的一些實用技巧。DALL-E 是只有 ChatGPT PLUS 用戶才能訪問的工具。此外，本章還將介紹可以免費使用該工具的方法。

2-2-1 ChatGPT PLUS Dall-E 付費版本

適用：Windows 、Mac

費用：需升級 ChatGPT 每月 20 美元

連結：https://chat.openai.com/

Step1：登入 ChatGPT 後，點擊左下方圖像，ChatGPT 至少升級至 Plus 帳號，每個月需要 20 美元，下個月會自動付款，你也可以隨時取消。

▲ 圖 2-5：ChatGPT 至少升級至 Plus 帳號。
資料來源：ChatGPT 網站

Step2：點擊左方「Explore GPTs」，找尋「By ChatGPT」，點擊「DALL-E」。

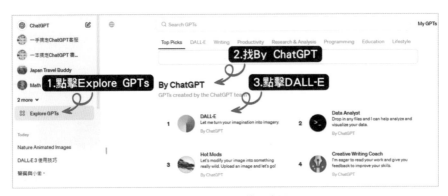

▲ 圖 2-6：DALL-E 使用介面。
資料來源：DALL-E 網站

Step3：點擊「Start Chat」即可開始操作。

▲ 圖 2-7：點擊「Start Chat」，開始正式使用。
資料來源：DALL-E 網站

接下來，就可以開始正式使用了。

2-2-2 Dall-E 使用教學

Step1：首先思考要呈現什麼樣的圖片，期望我家的貓呈現出日系漫畫的
風格。

《技巧一》上傳圖片，以圖生圖

所以，作者上傳一張我家貓咪的圖片，然後執行「Prompt」：「這是我家貓咪的照片，請將牠轉為日系動漫的風格」。

 You

這是我家貓咪的照片，請將牠轉為日系動漫的風格。

▲ 圖 2-8：將我家貓咪的照片轉為日系動漫風格。

資料來源：作者提供

▲ 圖 2-9：我家貓咪轉為日系動漫風格。

資料來源：Dall-E 生成

Step2：作者希望貓咪在公園裡，當時天空飄著雪，但街道有溫暖的感覺。

《技巧二》調整圖片場景

喜歡冬天下雪的感覺，我們就讓它下雪一下吧，Prompt：「我希望貓咪在公園裡，天空飄著雪，但街道有溫暖的感覺」。

▲ 圖 2-10：改變場景。
資料來源：Dall-E 生成

Step3：留下該圖「Prompt」和「gen_id」[2]。

《技巧三》留下「Prompt」和「gen_id」方便創作

雖然我們可以透過對話來調整圖片，但若希望創造更接近原圖的作品，可向對方詢問該圖片的「Prompt」和「gen_id」，以便未來與另一張圖結合。你可以這樣詢問：「請提供這張圖片的『Prompt』和『gen_id』」。

---

2 gen_id 是生成圖像的唯一識別碼（ID）。每當 DALL-E 生成一張新圖像時，該圖像會分配一個唯一的 gen_id。這個 ID 可以用來追蹤和引用特定的圖像。例如，如果你生成了一張圖像，並希望在後續的操作中引用它，可以使用它的 gen_id。

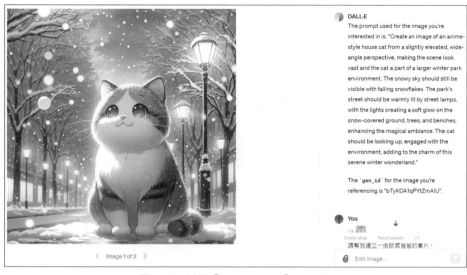

▲ 圖 2-11：該圖「Prompt」和「gen_id」。
資料來源：Dall-E 生成

Step4：接下來產生一張帥氣爸爸照片，再將貓的照片結合在一起。

《技巧四》圖片合成

Step5：鍵入提示詞：「請幫我建立一張帥氣爸爸的圖片」。

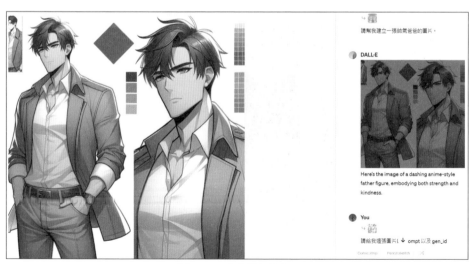

▲ 圖 2-12：建立帥氣爸爸照。
資料來源：Dall-E 生成

Step6：再鍵入：「請給我這張圖片的『Prompt』和『gen_id』。」

▲ 圖 2-13：該圖「Prompt」和「gen_id」。
資料來源：Dall-E 生成

Step7：接下來我們嘗試將兩張圖片合成，這裡我讓下雪公園裡的貓咪與
帥氣爸爸在公園中出現，Prompt：「請幫我將下面這兩段『Prompt』
合成，第一段『Prompt』與『referenced_image_ids』[3]當背景，
第二段『Prompt』與『referenced_image_ids』為街道上的人物。」

▲ 圖 2-14：兩圖結合。
資料來源：Dall-E 生成

PS：兩張照片合成時，Dall-E 只能產生類似的，並不能產生一模一樣的。

Step8：點擊「編輯圖片」→用滑鼠塗鴉這隻貓→填入。

《技巧五》去除不要或改變部分

▲ 圖 2-15：塗鴉這隻貓。
資料來源：Dall-E 生成

▲ 圖 2-16：消除圖片部分。
資料來源：Dall-E 生成

3　referenced_image_ids 是一個列表，用於包含一個或多個先前生成圖像的 gen_id。這些 ID 用於告訴 DALL-E 在生成新圖像時，應參考哪些先前生成的圖像。這對於在多步驟的圖像生成過程中特別有用，例如在初始圖像的基礎上進行修改或生成變體時。

是不是覺得 Dall-E 還不錯使用呢？無遠弗屆的教學網站，文章的封面圖與本書的許多示意圖都是以 Dall-E 產生的，有興趣的朋友可以到網站參觀看看，網址為 https://gogoplus.net。

▲ 圖 2-17：gogoplus.net 無遠弗屆網站。
資料來源：作者提供

2-3 透過對話下達關鍵指令，即可生成你想要的圖片——Dall-E 3

微軟將 OpenAI 的 GPT-4 技術與其最新的 DALL-E 3 繪圖模型融合進 Image Creator 與 Microsoft Copilot 聊天機器人，而這一整合將提升機器人對對話的理解能力及將文字轉化為圖片的精確度。接下來，我們將深入探討融入 DALL-E 3 的 Bing Chat 聊天機器人的特色，分析其優點與缺點，並提供詳細的使用教學。

2-3-1 免費 Dall-E 3

適用：Windows 、Mac

費用：免費

連結：https://www.bing.com/images/create

新版 DALL-E 3 圖片生成工具由微軟推出，具有多項優點：圖片品質得到提升、不需等待審核即可使用，且支持跨平台操作。用戶只需登入微軟帳戶，即可在 Bing Image Creator 或 Bing Chat 生成圖片，甚至在手機 App 中也可使用。雖然這項服務是免費的，每位用戶初始只有 15 點，可用於加快圖片生成速度，但當你點數用完後，仍可慢速生成圖片。此外，新工具支持中文指令，易於使用，不過操作介面較為簡單，無法自訂照片比例，且圖片生成後帶有「Bing」標誌，需要下載後才能移除。儘管有些許限制，但免費就是香，接下來就來試試看 Bing Image Creator 吧！

2-3-2 Dall-E 3 使用教學

Step1：首先在瀏覽器中輸入並前往「https://www.bing.com/create」，即可於對話框中輸入 Prompt（提示詞）：「美麗帥氣一家人，夫妻與一位女兒，還有一隻貓」，接著按下「加入並創作」。

▲ 圖 2-18：微軟生成圖片網站。
資料來源：微軟網站

Step2：若未事前先登入微軟帳號，這裡則會請你先登入。

▲ 圖 2-19：微軟登入。
資料來源：微軟網站

Step3：產出成果變成了歐美臉孔；因為作者並沒有提及人種，所以這也
　　　　是完成任務。

▲ 圖 2-20：歐美臉孔的一家人。
資料來源：Dall-E 3 生成

Step4：提示詞加入「亞洲人」，4 張圖片大概下方兩張還可以用，不過即
然是免費的，不滿意就是繼續產出了。

▲ 圖 2-21：亞洲臉孔的一家人。
資料來源：Dall-E 3 生成

Step5：每張圖片的分辨率為「1024×1024」像素，用戶可以直接下載圖片，
並保存到自己的收藏中，或使用連結進行分享。

▲ 圖 2-22：亞洲臉孔的一家人。
資料來源：Dall-E 3 生成

Step6：如果你不確定如何撰寫提示詞，可以點擊「給我驚喜」按鈕，讓
Bing Image Creator 為你隨機生成一組英文提示詞。之後，只需點
擊「建立」，即可開始生成圖片。

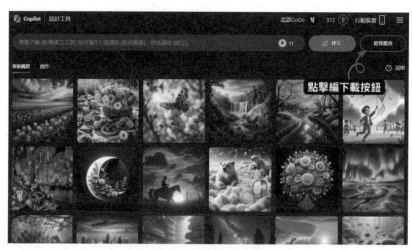

▲ 圖 2-23：點擊「給我驚喜」。
資料來源：Dall-E 3 生成

▲ 圖 2-24：給我驚喜完成品。

資料來源：Dall-E 3 生成

2-4　零基礎也可使用的圖片生成式 AI
──Stable Diffusion

　　Stable Diffusion 是一個於 2022 年推出的深度學習生成圖像模型。此模型擁有簡潔的使用介面，類似於 DALL-E 2；使用者只需在文字框中輸入描述，即可生成四幅圖像。主要功能是根據文字描述來產生細緻的圖像，但它也適用於其他任務，如內部和外部的圖像生成，以及在特定提示詞下的圖像轉換。這個模型是由慕尼黑大學的 CompVis 研究團隊開發的一系列生成式神經網路中的一種，稱為潛在擴散模型。Stable Diffusion 不僅能快速產生圖像，而且完全免費，生成的圖像還可用於商業目的。

　　這節將教學 Stable Diffusion online 的線上版，以及如何無痛安裝 Stable Diffusion 本機版。

2-4-1 **免安裝 Stable Diffusion online**

適用：Windows 、Mac

費用：每日 10 次免費，可付費升級

連結：https://stablediffusionweb.com/

▲ 圖 2-25：Stable diffusion online 網站。
資料來源：Stable diffusion online 網站

　　Stable Diffusion Online 提供了每天最多 10 次的使用機會，每次最多可生成兩張圖片。該平台的操作簡單，生成圖片的時間大約在 40 至 50 秒之間。此外，用戶不需要擁有高性能的硬體，因為所有處理工作都在雲端完成，這對於那些沒有高端圖形處理器（GPU）的用戶來說是一大福音。

　　該平台還提供了付費的選項，用戶如果需要更高頻率的圖片生成，可以選擇每月支付一定費用來獲得更多的生成次數。例如，對於每月需要 2000 次生成的用戶，只需支付大約 7 美元（約合 200 新台幣），即可享受到這一服務。

2-4-2 Stable Diffusion online 使用教學

Step1：進入到「Stable Diffusion online」網站，需要登入或註冊；而在你
登入後，即可轉至 Stable Diffusion online 的操作介面。

▲ 圖 2-26：Stable diffusion online 操作介面。
資料來源：Stable diffusion online 網站

Step2：接著填寫「提示詞（只能使用英文）」，然後選擇「樣式」，以
及設定「長寬比」，最後按下「生成」。

▲ 圖 2-27：Stable diffusion online 操作
資料來源：Stable diffusion online 網站

關於「提示詞」部分，我相信很多人不會寫，這時可以用兩個方法：

《方法一》

利用內容生成式 AI（如 ChatGPT）產生英文提示詞，或是你輸入中文請它翻譯英文。例如：

你問：我想要在 stable diffusion online 中產出一張超人與鋼鐵人合作對抗壞人的圖片，可以幫我產生提示詞嗎？我希望要像是一個電影的場景。

ChatGPT 答：當然可以！以下是一個適用於 Stable Diffusion 的提示詞，用於生成一幅超人和鋼鐵人合作對抗壞人的圖片，場景設計類似於電影戲劇性的一幕：

"An epic cinematic scene depicting two superheroes, one wearing a blue and red suit with a cape flying in the wind, symbolizing immense strength and heroic stature, and the other in a red and gold armored suit equipped with futuristic technology, fighting against a group of villains in a dramatic urban setting at night. The scene is filled with dynamic action, with the heroes in mid-flight and mid-fight, showcasing their powers with visually striking effects like laser beams and super strength. The background is a bustling city with skyscrapers, illuminated by the chaos of the battle and dramatic lighting effects."

這個提示詞旨在捕捉一個戲劇性和動作豐富的場景，應該能幫助生成一張引人入勝的圖片。

▲ 圖 2-28：依照 ChatGPT 的 stable diffusion online 提示詞下生成的圖片。

資料來源：Stable diffusion online 網站

《方法二》

Stable diffusion online 首頁的圖片如果有喜歡的，可以點開它直接獲取該圖的提示詞。

嘗試一個例子

▲ 圖 2-29：獲取首頁圖片的提示詞。

資料來源：Stable diffusion online 網站

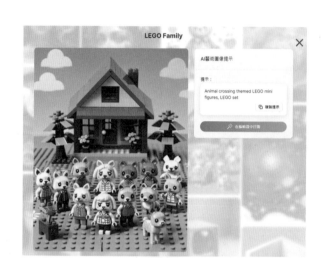

▲ 圖 2-30：複製圖片的提示詞。
資料來源：Stable diffusion online 網站

Step3：提供下載、複製、分享，但要注意的是圖片只保留 7 天，請儘早
下載。

▲ 圖 2-31：下載複製與分享。
資料來源：Stable diffusion online 網站

2-4-3 Stable Diffusion 非 online 使用教學

　　Stable Diffusion 是開源的程式，意思就是免費，不過並不能以任何名
義或包裝販售這個軟體，但其產出的圖片是可以商用的，除非你產生非法
的圖片，就不在允許的範圍之內，這實在是很佛心的軟體。但是有很多人
會搞不懂 Stable Diffusion Online 與 Stable Diffusion 的差別；Stable Diffusion
正常來說，是需要自行安裝才可以使用的，不過並不是每個人的電腦硬體

都夠力，加上安裝流程也不是說很簡單。而「Stable Diffusion Online」，就如同它的名字，是 Stable Diffusion 的線上版，限制就是免費方案每天 10 張，還有畫質較差。所以，如果想要高畫質就要選擇付費方案，或是使用提高畫質的 AI，而本機版的 Stable Diffusion 就沒有這些問題，唯一的詬病就是硬體要求較高與安裝流程不是太簡單。在下一節將教你安裝 Stable Diffusion，但如果我只教學正常安裝方法，應該有 7 成的人中途就會放棄，所以我將先教學最無痛的方式安裝 Stable Diffusion，也就是使用免費軟體 Pinokio 一鍵快速安裝。

安裝 Pinokio

Pinokio 是一款基於瀏覽器的 AI 工具，它可自動幫你安裝最令人頭痛的環境、程式，且支援安裝許多種 AI，除了圖片生成 Stable Diffusion 之外，還有 Facefusion 換臉程式…等等，許多膾炙人口的 AI 都可以使用 Pinokio 下載。接下來就來試試 Mac 與 Win 如何安裝 Pinokio 與 Stable Diffusion。

適用：Windows 、Mac、Linux

費用：免費使用

連結：https://pinokio.computer/

▲ 圖 2-32：安裝 Pinokio。

資料來源：Pinokio 網站

首先選擇你的電腦系統，然後下載 Pinokio。

▲ 圖 2-33：針對你的電腦系統下載。
資料來源：Pinokio 網站

Windows 系統操作如下：

Step1：下載 Windows 版的 Pinokio。

Step2：解壓縮下載的文件，你將看到一個 .exe 安裝程式文件。

Step3：執行安裝程式文件，你將看到以下的 Windows 安裝警告。

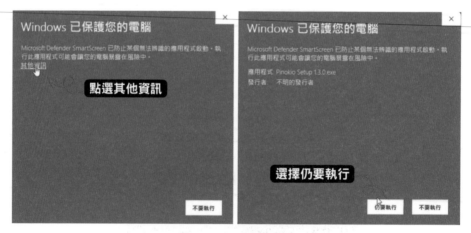

▲ 圖 2-34：Win 安裝警告。
資料來源：Pinokio 網站

顯示此訊息是因為應用程式是從 Web 下載的，這就是 Windows 對從 Web 下載應用程式所做的操作。

1. 點擊「其他資訊」

2. 單擊「仍要執行」

上述執行後，即可開始安裝 Pinokio。

Mac 系統操作如下：

Step1：選擇你的 Mac 版本。

1. 下載 M1 ／ M2 ／ M3 Mac 版

2. 下載適用於 Intel Mac 的版本

Step2：下載 dmg 檔案後，需有以下操作，如下圖：

1. 執行下載的 DMG 安裝程式文件。

2. 將「Pinokio」應用程式拖拽至「應用程式」資料夾。

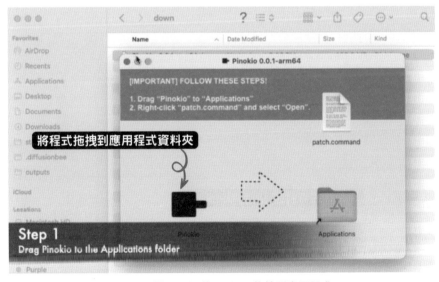

▲ 圖 2-35：將 Pinokio 拖拽到應用程式。

資料來源：Pinokio

Step3：打開「patch.command」。

▲ 圖 2-36：打開 patch.command。
資料來源：Pinokio

Step4：在應用程式資料夾中開啟 Pinokio 應用程式。

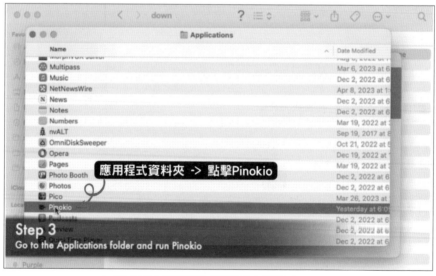

▲ 圖 2-37：在應用程式資料夾中開啟 Pinokio。
資料來源：Pinokio

Step5：上述步驟執行後，即可開始安裝 Pinokio。

▲ 圖 2-38：開始安裝 Pinokio。
資料來源：Pinokio

安裝 Stable Diffusion

Step1：打開 Pinokio，點擊右上方按鈕「Discover」。

▲ 圖 2-39：點擊右上方「Discover」。
資料來源：Stable Diffusion

Step2：搜尋 Stable Diffusion web UI。

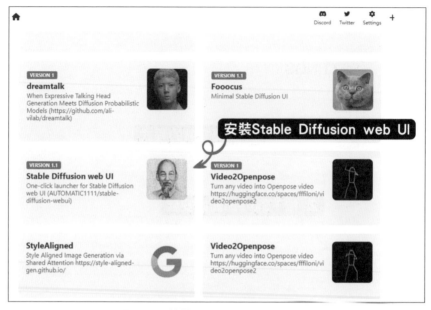

▲ 圖 2-40：搜尋 Stable Diffusion Web UI。
資料來源：Stable Diffusion

Step3：下載並安裝 Stable Diffusion。

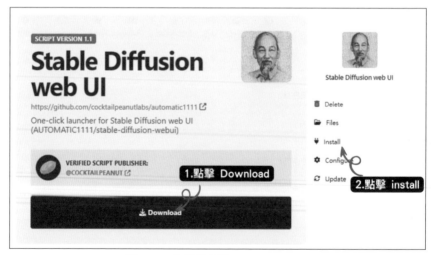

▲ 圖 2-41：下載並安裝 Stable Diffusion。
資料來源：Stable Diffusion

Step4：安裝完畢後，點擊執行「Stable Diffusion WEB UI」→點擊「Start」。

▲ 圖 2-42：點擊 Stable Diffusion Web UI
資料來源：Stable Diffusion

▲ 圖 2-43：點擊「Start」。
資料來源：Stable Diffusion

Step5：點擊「Open Web UI」或在瀏覽器輸入網址「http://127.0.0.1:7860」。

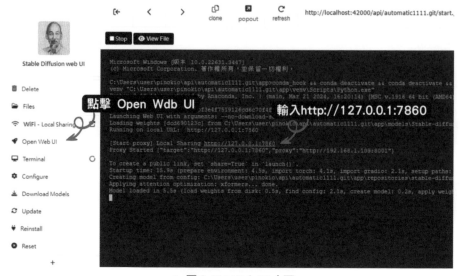

▲ 圖 2-44：Web UI 介面。

資料來源：Stable Diffusion

Step6：Stable Diffusion 操作介面（含欄位介紹）。

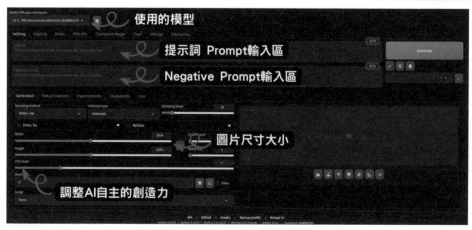

▲ 圖 2-45：Web UI 操作介面說明。

資料來源：Stable Diffusion

Step7：輸入文字產生圖片。

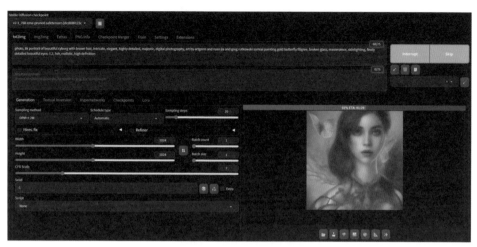

▲ 圖 2-46：輸入文字產生圖片。
資料來源：Stable Diffusion

至於線上使用版本與電腦本機版分析如下：

Stable Diffusion	線上版	電腦版
方便性	高	較低
硬體需求	低	較高
限制性	高	較低
客製化程度	較低	高
穩定性	較高	較低

Stable Diffusion 所需的最低硬體需求：

- CPU：Intel Core i5 或更高（或類似的 AMD 處理器）
- 記憶體：8GB 或更高
- 顯示卡：至少 512MB VRAM 的獨立顯示卡（NVIDIA GeForce GTX 460 或更高，或 AMD Radeon 5670 或更高）

- 儲存：至少 2GB 可用硬碟空間
- 作業系統：Windows 7 或更高，或 Mac OS X 10.9 或更高

然而，如果你想要更好的性能和流暢度，建議使用更高規格的硬體：

- CPU：Intel Core i7 或更高（或類似的 AMD 處理器）
- 記憶體：16GB 或更高
- 顯示卡：至少 2GB VRAM 的獨立顯示卡（NVIDIA GeForce GTX 1070）

　　給大家一個建議，如果電腦配備一般或以下的人，使用 AI 產品就找雲端線上版本就好，不要嘗試安裝在本機，畢竟 AI 就是吃電腦配備，且配備需求只會越來越高，所以還是雲端單純。看似需要定期花費訂閱，但整體來看會比較划算，請自行評估。

2-5　首屈一指的 AI 生圖網站——Midjourney

　　Midjourney 是一款由位於美國加州舊金山的研究實驗室所開發的 AI 圖像生成工具，該工具在全球皆非常受歡迎。這個程式專門設計來將文字指令轉化為圖像，特別是擅長生成建築和場景的視覺作品。

　　用戶只需輸入一段文本提示（Prompt），Midjourney 便能迅速理解並生成相應的圖像。該工具不僅在建築和場景的圖像生成上表現出色，還能創造各種風格和主題的圖像，包括藝術插畫、寫實照片和人物畫等。

　　值得一提的是，Midjourney 主要在 Discord[4] 平台上運行。一旦你註冊成為 Discord 會員，就可以透過這個平台創建和查看圖像，這意味著你創作的圖像也會公開展示給其他用戶。

4　Discord 是一個多功能的社群交流平台，用戶可以自由加入不同主題的討論頻道，與其他用戶實時交流和互動。Midjourney 利用 Discord 的聊天功能，透過用戶輸入的指令來生成 AI 圖片。

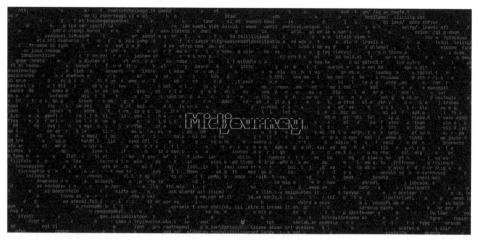

▲ 圖 2-47：MidJourney 網站。

資料來源：MidJourney 網站

2-5-1 Midjourney 售價

適用：Windows、Mac

費用：每月 10 美元起

連結：https://www.midjourney.com

Midjourney 目前已無免費的服務，原本可透過「註冊帳戶」獲得免費生成 25 張圖像的福利已經取消。

目前總共有 4 種收費方案（僅參考，以官方公佈為準）：

1. 基礎方案：每月 $10 美金（約合台幣 $320），可使用快速生圖模式 3.3 小時

2. 一般方案：每月 $30 美金（約合台幣 $960），可使用快速生圖模式 15 小時

3. Pro 方案：每月 $60 美金（約合台幣 $1,920），可使用快速生圖模式 30 小時

4. Mega 方案：每月 $120 美金（約合台幣 $3,840），可使用快速生圖模式 60 小時

　　Midjourney 特別適合那些致力於長期研究 AI 繪圖或需要用於商業目的的圖像的使用者。如果你只是想體驗 AI 繪圖的趣味，或者希望使用更簡單、直觀且支持中文介面的軟體進行初步嘗試，你可以考慮使用前文中提到的免費版本。

2-5-2 Midjourney 使用教學

Step1：進入 Midjourney 網站，在主畫面會看到有幾個按鈕可以選擇，點一下右邊的「Join the Beta」。

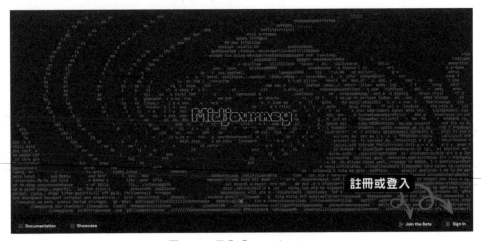

▲ 圖 2-48：登入或 Join the Beta。
資料來源：MidJourney

Step2：如果你還沒有 Discord 帳號，會提示你必須輸入一個用戶名，請根據個人偏好選擇一個名稱並點擊「繼續」。如果你已經擁有 Discord 帳號，則可以直接登錄來加入 Midjourney 頻道。

▲ 圖 2-49：加入 MidJourney。

資料來源：MidJourney

如果你尚未註冊 Discord 帳號，你需要先建立一個新的帳號並完成認證。接下來的註冊過程相對簡單，作者在這裡就不再贅述。

▲ 圖 2-50：註冊帳號。

資料來源：MidJourney

Step3：註冊好 Discord 帳號後，回到之前打開的 Midjourney 網站，點擊右側的「Join the Beta」按鈕。此時，你會看到一個「接受邀請」的按鈕，點擊它，即表示你已成功登入你的 Discord 帳號。

▲ 圖 2-51：MidJourney 操作介面。
資料來源：MidJourney

當你進入 Discord 上的 Midjourney 頻道時，你會看到左側列出了許多聊天室。作者建議選擇標有「ncwbies」的房間進入，顧名思義專為初學者設計，你可以隨意選擇其中一個加入。

當你進入 Midjourney 的聊天室後，中間的聊天介面會顯示許多人正在輸入指令，你也會看到 AI 持續地生成圖片。確實，所有透過 Midjourney 生成的圖片都是公開的，無論誰下的指令，其生成的圖片都會公開展示給房間中的所有人看到，並可被任意使用。

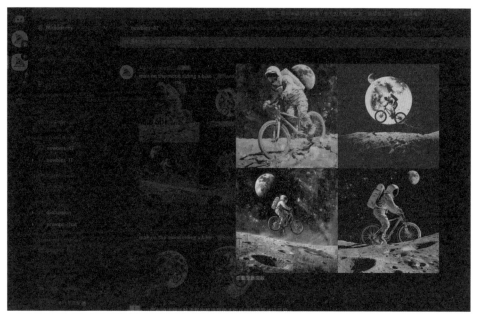

▲ 圖 2-52：圖檔皆可使用。

資料來源：MidJourney

如果你想保持私密性，不希望他人看到你的圖片，你可以訂閱 Midjourney 的 Pro 方案，這樣就可以啟用 Stealth Mode（隱藏模式），使你的活動保持私密。

Step4：使用指令來讓 Midjourney 生成圖片。首先，在聊天框中輸入「/ imagine」，然後按空格鍵。這樣做會自動帶出「prompt」這個詞，這意味著你需要提供一段描述圖片特徵的英文文字。這段描述將指導 Midjourney 根據你的需求來生成圖片。

例如：輸入「future city, book architecture, winding road」，然後按下「Enter」。

▲ 圖 2-53：輸入咒語 Prompt。
資料來源：MidJourney

Step5：當 AI 完成圖片生成後，你會看到類似圖 2-53 的四張圖片排列，
　　　　每張圖片都附有對應的數字標籤，分別是左上角為 1、右上角為 2、
　　　　左下角為 3、右下角為 4。此外，還有幾個操作按鈕可供選擇：

- U（Upscale）：放大指定的圖片。這個按鈕通常在你確定想進一步
  使用某張圖片時按下。

- V（Variation）：對指定的圖片進行變異組合。當你喜歡某張圖片，
  但想探索其他類似可能性時使用此功能。

- 重新運算（↻）：如果你想放棄當前的四張圖片並重新生成，可以
  按下重整符號。這將不使用任何當前圖片，而是生成四張全新的圖
  片。

　　這樣就完成 Midjourney AI 生圖，操作其實並不複雜，只是習慣問題。
只要你能耐心嘗試幾次，你會發現其實流程就是「輸入→生圖→修改」，
這麼簡單的幾個步驟而已。

PART

3

不會攝影也能生成影片
——影片生成式人工智慧

———————————————— 本章學習重點 ————————————————

· 介紹影片生成式人工智慧的技術原理，特別是 Diffusion 模型和
Transformer 模型的應用。
· 掌握 Sora、Runway、Pika 和 Stable Video 等工具的功能和特點。
· 學習如何利用這些工具在不同場景中創建高質量的影片。

在進入教學影片生成 AI 的探討之前，值得一提的是 Sora 這款影片生成 AI 的技術。自從 Sora 在 OpenAI 的社群平台首次亮相後，它便引起了廣泛的關注。這款工具不僅受到伊隆·馬斯克在 X 平台的高度評價，也在 AI 領域引起了激烈的討論。那麼，究竟是什麼特質使得 Sora 迅速成為矚目焦點呢？在我們探討如何利用影片生成式 AI 製作教學影片之前，讓我們先來深入了解 Sora 的技術創新和操作原理。

▲ 圖 3-1：影音生成式 AI。
資料來源：產生自 Dall-E

3-1   地表最強 AI 影片生成長度——Sora

影片生成式 AI 過去一年知名的至少也出現 4 款以上，而 Sora 最厲害的部分，是做到了突破 AI 影片生成的長度限制，能夠生成長達 60 秒的高畫質影片，這在先前的影片生成 AI 如：Stable Video、Runway、Pika 等是難以實現的。

Sora 結合了兩種強大的 AI 模型：Diffusion 模型和 Transformer 模型。Diffusion 模型在圖片生成領域已展現其能力，如 Stable Diffusion，而

Transformer 模型則是近年來在自然語言處理（NLP）領域廣受關注的技術。

Diffusion 模型

這是一種生成模型，最近在生成高質量圖像方面特別流行。這類模型的工作原理是從一個完全隨機的噪聲分布開始，逐步逆向應用一系列轉變，最終生成清晰的圖像。這個過程模仿了物理世界中的熱擴散過程，即如何從無序狀態逐步達到有序狀態。

Diffusion 模型通常包括兩個階段：「前向過程」和「反向過程」。在前向過程中，模型逐步將數據引入噪聲；而在反向過程中，模型試圖從這些噪聲數據中恢復出原始數據。這種模型特別適合生成高質量的圖像，並且最近在影片生成中也顯示出其潛力。

簡單來說，Diffusion 模型負責逐步構建和精煉影片中的每一幀圖像，類似於水中墨水的逆向擴散，勾畫出清晰的畫面。

 →  →

▲ 圖 3-2：Diffusion 模型。
資料來源：OpenAI 官網

Transformer 模型

此模型最初是為了解決自然語言處理（NLP）問題而設計的，但其結構因其高效率和靈活性已被廣泛應用於許多其他類型的任務，包括圖像和影片生成。Transformer 的核心是自我注意力機制（self-attention mechanism），這使得模型能夠在處理輸入數據時考慮到序列中所有元素的相互關係。

在影片或圖像生成中，Transformer 可以處理像素或像素區塊之間的關係，允許模型捕捉到複雜的空間和時間的依賴關係，這在生成動態和高度

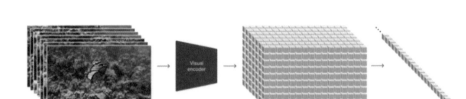

▲ 圖 3-3：Transformer 解碼器模型。
資料來源：OpenAI 官網

連續性的影片內容時非常有用。

　　簡單來說，Transformer 模型則將文字描述轉化為影像創作的指令，以確保生成的影片不僅視覺上吸引人，同時內容與描述密切相關。

　　將這兩種模型應用於影片生成時，Diffusion 模型可以用於逐幀生成影片的每一個畫面，而 Transformer 模型可以用來理解和生成畫面之間的時間連續性。結合使用這兩種模型，可以生成既有視覺質量又有時間連貫性的影片內容，這在動畫製作、視覺效果或其他多媒體應用中具有很高的應用價值。

▲ 圖 3-4：SORA 一次產出三個不同角度影片。
資料來源：OpenAI 官網

　　舉例來說，當使用者指示 Sora 創建一部關於宇宙探險的影片，Diffusion 模型將逐張繪製星球、太空船和領航員，而 Transformer 模型則按照敘事順序排列這些畫面，形成一個連貫的影像敘事。

▲ 圖 3-5：SORA 宇宙人太空船。
資料來源：OpenAI 官網

3-1-1 Sora 的未來展望與挑戰

Sora 的出現標誌著 AI 影片生成技術的一大進步，開創了影像創作的新時代。創作者可以利用 Sora 將大膽的想像轉化為現實，無論是製作科幻大片或記錄小故事。具體而言，Sora 的技術創新將提升影片生產效率，尤其在預覽草稿、特效製作和故事板開發階段，並為視覺效果設定新標準，為電影、電視及虛擬實境（VR）、增強實境（AR）應用帶來變革。

然而 Sora 目前仍處於測試階段，短期內不會公開給大眾使用。但隨著技術的發展和完善，我們可以期待看到更多像 Sora 這樣的創新。這也提醒我們，這類技術的進步可能會與人類競爭工作，這將是未來需要深入探討的另一個重要議題。

由於目前 SORA 影片生成式 AI OpenAI 公司還沒有開放使用，所以接下來將教大家使用 Runway、Pika 以及 Stable Video 完成影片生成。

3-2　無需任何圖片或影像即可生成新的影片—— Runway

　　Runway 是一家專注於開發 AI 影像編輯工具的創新公司，提供了一系列的自動化工具，包括背景移除、動態追蹤和自動字幕等。該公司推出了第一個人工智能影片編輯模型，名為 Gen-1；該模型允許用戶透過文字指令來改變影片中的物件顏色和圖像風格。

　　隨後，Runway 推出一款更先進的 AI 模型 Gen-2，這是一個文本轉換影片（Text-to-video）的 AI 模型。用戶無需提供任何先前的影片或圖像作為參考，僅需輸入文字描述即可生成全新影片。這項技術允許用戶詳細描述他們所想要的影片內容和風格，隨後 AI 會自動創造出相對應的影片。

　　隨著影片生成 AI 技術的成熟，過去製作影片時需要的龐大團隊和學習，如 After Effects、Cinema 4D 等複雜技術，現在正在逐漸被 AI 替代。如今使用 Gen-2，用戶只需輸入他們想要的影片內容，按下「Enter」鍵即可。下面，我們將展示這個過程是如何運作的。

3-2-1　Runway 售價

適用：Windows 、Mac

費用：註冊即有免費 125 積分、亦有付費計畫

連結：https://chat.openai.com/

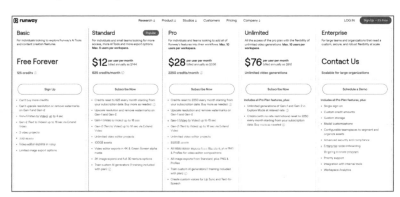

▲ 圖 3-6：Runway 價格。

資料來源：Runway 網站

首先談談價格，免費有 125 積分，並且有浮水印，可使用影片轉影片與文字轉影片的功能，最低付費計畫是每個月 12 美元。

3-2-2 | Runway 使用教學

Step1：點擊進入 Runway 官網：https://runwayml.com/。

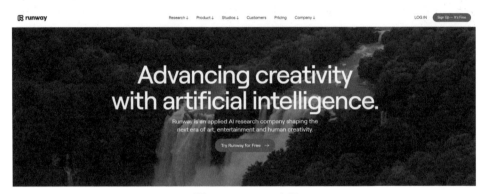

▲ 圖 3-7：Runway 官網。
資料來源：Runway 官網

Step2：註冊 Runway 帳號。

　　可以使用 Google 或 Apple 來註冊，成功後會詢問你是否要訂閱他們的最新資訊。

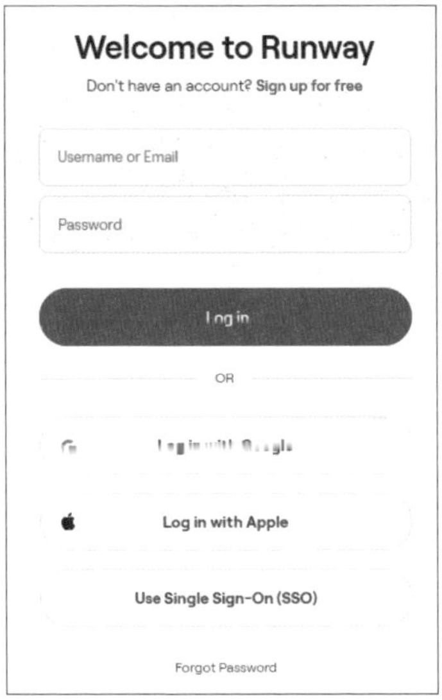

▲ 圖 3-8：註冊帳號。
資料來源：Runway 網站

Step3：進入創作後台，如果想要文字轉影片，請選擇「Try from Gen-2」。

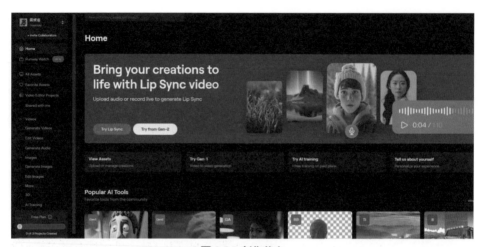

▲ 圖 3-9：創作後台。
資料來源：Runway 官網

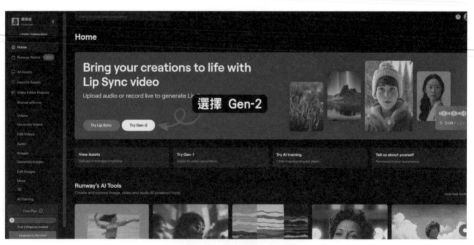

▲ 圖 3-10：選擇 Gen-2。
資料來源：Runway 官網

Step4：生成影片的兩種方法：文字轉影音、圖片轉影音。

《文字轉影音》

　　在文本框中輸入英文，描述你想要創建的場景，然後點擊下方的

「Generate」按鈕，以生成影片。如果你不確定要創建什麼，可以從其他已經生成圖片的示例中尋找靈感，或參考其他人的提示詞（prompt）進行嘗試。雖然只能夠生成 4 秒左右的影片，約需要等 30 秒以上，速度跟品質已經是非常理想的狀態了！

▲ 圖 3-11：文字轉影音。
資料來源：Runway 官網

《圖片轉影音》

上傳圖片後點擊下方的「Generate」按鈕，以生成影片。

▲ 圖 3-12：圖片轉影音。
資料來源：Runway 官網

點點滑鼠就能完成影片生成，是不是非常簡單呢？！

3-3 讓你的文字「動」起來 —— Pika

在數位時代，動畫的力量無可比擬。從教育材料到行銷活動，動畫影片提供了一種吸引人的方式來傳達訊息和故事。現在，想像一下，如果能夠僅僅透過文字來創建這些動畫，將會怎樣呢？

Pika Labs 提供了一款免費的 AI 工具，使你能夠輕鬆地將文字內容轉化成精彩動畫。這個工具不需要任何專業技能，只需提供文字描述，就可以製作出具有卡通、動漫或寫實風格的影片，非常適合用於教育、宣傳或個人展示等多種場合。體驗 Pika AI 的創意魔力，讓你的文字生動起來！想像一下，僅需輸入幾行文字，Pika AI 就能將其變為迷人的動畫。這不是幻想，而是一款實用的 AI 影片製作工具，無需依賴專業軟體或技術背景，你就能輕鬆創作動畫。

3-3-1 Pika 使用教學

適用：Windows 、Mac

費用：免費，初始 250 積分，用完後，每日增加 30 積分

連結：https://pika.art/

Step1：首先註冊成為 Pika 會員。

▲ 圖 3-13：Pika 註冊。

資料來源：Pika 網站

Step2：生成影片。

《方法一：文字描述產生影片》

- 場景、人物、動作：描述你想看到的畫面，例如：「一位忍者大戰武士，在雨天的竹林裡，日本動漫風格」。（填入時需轉換成英文）

▲ 圖 3-14：文字描述產生影片。

資料來源：Pika 網站

- 進階控制按鈕：可以增添提示，如尺寸及種子等詞語描述風格。

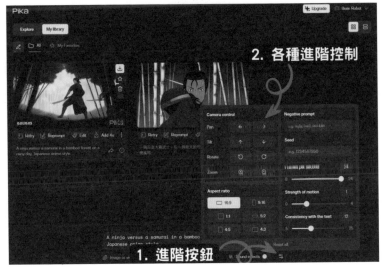

▲ 圖 3-15：進階按鈕操作介面。

資料來源：Pika 網站

　　每部影片約 3 秒，扣 10 積分。如果你滿意這部影片，想要延長影片，可選增加 4 秒。

▲ 圖 3-16：增加影片長度。

資料來源：Pika 網站

《方法二：修改影片內容》

　　作者使用 GoGo 這部影片，讓影片中的我戴上墨鏡。

▲ 圖 3-17：GoGo 影片。

資料來源：作者提供

選擇下方「Modify region」，接著區域調整眼睛的部分，再填上太陽眼鏡的描述。

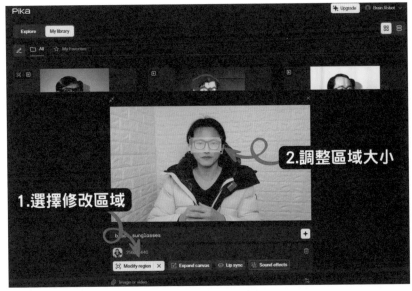

▲ 圖 3-18：影片區域修改。
資料來源：Pika 網站

送出後產生結果如下：

▲ 圖 3-19：區域修改成果。
資料來源：Pika 生成

以下是 Pika 網站中我覺得蠻厲害的 Prompt，我們可以試試看效果如何。

「yoshitaka amano anime concept art sci film shot of an epic lightsaber battle, sword slashes, masterpiece.」

「天野喜孝動漫概念，藝術科幻電影鏡頭的史詩光劍戰鬥，劍砍，傑作。」

▲ 圖 3-20：測試效果。
資料來源：Pika 生成

Pika 的影音生成，我最喜歡的是動漫效果；如果你也喜歡日式風格的動畫，Pika 是影片生成的一個絕佳的選擇。

3-4 免安裝即可快速生成影片
── Stable Video Diffusion

Stable Video Diffusion 是基於 Stable Diffusion 模型所開發的一款新型 AI 影片生成工具，由 Stability AI 提供。此模型能夠根據文字描述或提供的圖像，生成包含 14 至 25 幀的影片，且允許使用者自行調整幀率。Stable

Video Diffusion 使用一種名為擴散模型的技術，透過逐步增加噪點來從簡單的表達生成複雜的視覺資料。其主要步驟包括：首先，將靜態圖像或文字描述轉換成潛在向量；接著，透過擴散模型逐漸添加細節來生成一系列視覺效果各異的圖像；最後，進行去噪和後處理，將這些圖像組合成影片。

Stable Video 目前提供線上版與安裝版，如果電腦配備不佳，且沒有獨立顯卡，建議使用線上版。雖然不完全免費，但是省去繁雜的安裝，並可以立即使用。但若不想花錢且電腦配備不錯的，可以考慮安裝本機版，既免費又好用。

適用：Windows 、Mac
費用：註冊免費 40 積分、亦有付費計畫
連結：https://www.stablevideo.com/

3-4-1 Stable Video **使用教學**

Step1：首先註冊網站帳號。

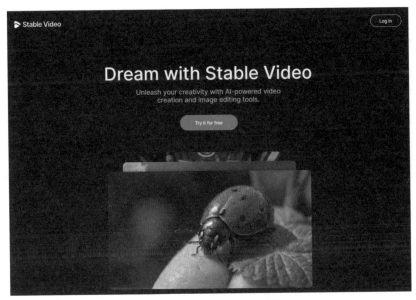

▲ 圖 3-21：Stable Video **網站。**
資料來源：Stable Video 網站

Step2：Stable Video 文字轉影片，必須使用英文，中文不行。

▲ 圖 3-22：Stable Video 操作介面。
資料來源：Stable Video 網站

Step3：觀看成果。

文字：企鵝在衝浪板上衝浪

penguin surfing waves in the ocean on a surf board

▲ 圖 3-23：企鵝衝浪。
資料來源：Stable Video 網站

如果是高度使用者，亦提供購買點數方案，參考售價如下。

▲ 圖 3-24：Stable Video 購買方案。
資料來源：Stable Video 網站

　　隨著影像生成式 AI 技術如 SORA 的快速進步，我們可以預見一個不需實際拍攝即能創造逼真場景和人物的未來。雖然上述介紹的程式仍可能有些許瑕疵或不自然之處，但這不是大問題，因為各家技術正不斷進化，變得更加強大。閱讀本書提早了解這些技術，將使你更能掌握如何創造高品質的影像，並能在技術進一步發展時，立即應用這些知識。請期待技術的未來發展。

4

以假亂真連專家也難分辨——
人工智慧換臉（變臉）技術

- 理解 Deepfake 換臉技術的發展及其在各領域的應用場景。
- 掌握 Swapface、「萬能君，三合一換臉軟體」和 AKOOL 等工具的功能和特點。
- 學習如何利用這些工具來創造真實的換臉效果，並探討其在各行各業的應用。

　　講到 AI 換臉，就要談談 Deepfake（**深度偽造技術**）[1]，就是可以讓人臉在影片或是直播裡換來換去的黑科技；曾經某位網紅就是因為用這技術製作一些不該做的影片而被抓了。

　　這技術其實挺神奇的，主要是靠 AI 人工智能的力量，把一個人的臉和表情、甚至是聲音都搬到另一個人身上，做出逼真的效果。

　　就想像以前玩的 P 圖，最多換換頭像啥的，頂多也就是用 Photoshop 弄得更逼真一點。但現在有了 Deepfake（深度偽造技術），直接就能在影片裡把人臉換了，而且連表情和動作都跟著換，簡直就像是換了個靈魂似的。

▲ 圖 4-1：Deepfake 換臉（變臉）技術。
資料來源：作者提供

1　深度偽造技術（Deepfake），中文簡稱為「深偽」或「深假」，是一種利用人工智能進行臉部替換的先進技術，近年來因其在製作極為逼真影片內容方面的應用而受到關注。該技術的核心在於結合了深度學習和圖像處理技術，實現在動態影像中替換人臉，甚至能夠同步生成配合目標面孔特徵的語音，從而製作出難以分辨真假的影片內容。

4-1　真假難辨的深度偽造技術（Deepfake），好用卻也危險

　　隨著計算能力的提升和機器學習算法的進步，深度偽造技術已經能夠在短時間內製作出難以察覺的偽造影片。而**生成對抗網路（GANs）**[2]在此過程中扮演了關鍵角色，透過不斷的生成與鑑別迭代，逐步提升合成影像的質量，達到以假亂真的效果。

　　然而，深度偽造技術的迅速發展也帶來了諸多社會、道德和法律上的挑戰。偽造影片的製作越來越容易，不僅限於專業人士，甚至普通用戶也能透過網路上的工具輕鬆創作，這在一定程度上加劇了虛假信息的傳播，增加了公眾辨識真假信息的難度，並可能對個人隱私和公共安全構成威脅。

　　儘管深度偽造技術存在諸多爭議，但其在正面應用方面的潛力同樣不容忽視。從輔助語音和面部表情重建，到影視產業中的創意應用，乃至於個性化娛樂和數位遺產保存，深度偽造技術均展現出廣泛的應用前景。

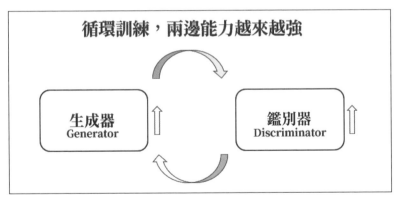

▲ 圖 4-2：生成對抗網路（GANs）。
資料來源：作者提供

2　GANs 就是由兩個神經網路組成的一套系統：一個是生成器（Generator），另一個是鑑別器（Discriminator）。想像一下，生成器就像是一個藝術家，它的任務是創造出看起來像真的圖片；而鑑別器則像是一個藝術評論家，它要做的就是要分辨出來這些圖片是不是真的，還是生成器創造出來的假的圖片。生成器和鑑別器會在一個「對抗」的過程中不斷進步，生成器努力讓自己創造的圖片越來越逼真，而鑑別器則努力提高自己的鑑別能力。

這就像是一場相互對抗的模式，生成器不斷進化，試圖「欺騙」鑑別器，而鑑別器則是要不斷學習，以辨別真假。這個過程使得最終生成的圖片質量驚人地逼真，有時候連人類都分辨不出來。

4-1-1　Deepfake 技術是否該繼續發展呢？

個人認為，答案是肯定的。這項技術的應用範圍遠不止於表面，我提出以下幾個例子：

1. 它能為行動不便的人提供一種全新的表達方式，讓他們能透過別人的動作來傳達自己的思想和感情。

2. Deepfake 也能夠用來製作紀念親人的影片，讓我們得以在影像中重溫與逝去親人的珍貴時光。當然，這項技術還有其輕鬆娛樂的一面，比如在電影製作、創造有趣的迷因，甚至是將自己的臉孔換到健壯的身軀上，或是體驗穿上不同衣服的樂趣。就拿像抖音或 Youtube Shorts 這樣的應用來說，其換臉功能讓用戶得以將自己的臉孔放到電影或電視劇角色上，瞬間變身為大銀幕上的明星，這種

▲ 圖 4-3：直播帶貨示意圖。

資料來源：圖片產生自 Dall-E

趣味性和無害的娛樂為日常生活增添了不少樂趣。

3. 在教育領域，有時候老師可能會對自己的外貌不夠自信，這種情況下他們可能就會猶豫不決，不太願意錄製課程影片。又或者，在一些課程製作完畢之後，由於某些特殊原因，比如老師隸屬於官方機構或其他限制，可能會突然間不能在課程中露臉，這時候換臉技術就能派上用場，解決這類問題。

4. 在進行直播賣貨的時候，如果合法獲得了使用名人形象的權利，那麼這將會大大增加直播的吸引力。以賣林書豪球衣為例，假如能用林書豪的形象來進行產品介紹，不僅能讓直播更加生動有趣，還能激發觀眾的購買欲望，因為他們不僅是在買一件球衣，更是在購買與偶像相關聯的情感價值。

5. 對於線上客服體驗的提升也同樣重要。想像一下，如果每位線上客服不僅能提供專業的服務，還擁有公司代言人的外貌和聲音，這無疑會給顧客留下深刻的印象。這種個性化和高度定制的互動體驗可能會讓顧客感到更加親近和信任品牌，從而減少客戶投訴的發生。此外，這種創新的客服模式還能作為品牌差異化的一部分，吸引更多的顧客關注和光顧，進一步提升品牌形象和市場競爭力。

深度偽造技術猶如雙刃劍效應，既帶來了前所未有的便利和創新的可能，也帶來了倫理和法律上的挑戰。未來，如何平衡其利弊、有效規範和應用，將是我們面臨的重要課題。

4-1-2 如何應對數位騷擾，特別是那些由 Deepfake 所製造的？

要怎麼分辨出一個影片是不是被動手腳了呢？以前 Deepfake 做出來的東西還不算太逼真，常會有些小瑕疵，比如畫面邊緣看起來模糊，或者光影效果不自然、動作突兀，連頭髮都和背景融不太進去。有時候，你會發現這些合成的臉不怎麼眨眼，或者眨眼看著就是怪怪的，這可能是因為原始素材多半是照片，人物的眼睛都是睜開的。

▲ 圖 4-4：Deepfake 辨識示意圖。
資料來源：圖片產生自 Dall-E

　　還有，如果是電腦合成的影片，人物眼睛反光的細節可能會不一致。但近來隨著技術的精進，這種情況越來越少了。現在不少團隊和公司都在研究如何更好地識別這些合成影像，甚至有些地方還舉辦了比賽，看誰能更準確地找出這些假影片。

　　比如說，真人的臉因為血液流動會有細微的顏色變化和脈搏跳動，但這些細節在假影像裡往往重現不了。不過，隨著 AI 技術的不斷進步，誰又能保證不會有一天連這些細節都能做得天衣無縫呢？

　　這就像是一場持久的攻防戰，雙方都在不斷進化。而我們普通人，在面對如洪水般的資訊時，分辨真假確實越來越難，這時就需要我們提高警覺，加強自己的判斷力，或許未來還得依賴更智能的工具來幫忙辨識，以防被虛假信息所迷惑。在這個數位化的時代，保持批判性思考比以往任何時候都更加重要。

4-2 什麼是 AI 換臉技術？

AI 換臉技術，在英文中被稱作 DeepFakes，意即深度偽裝。這一名詞源於 2017 年底，由一位 Reddit 用戶「deepfakes」首創，而廣為人知的作品就是**螞蟻牙黑**[3]。

這也是最廣為人知的換臉技術，不過當時沒有什麼商業價值，純粹只是網友間的娛樂罷了。但隨著 2023 年 AI 技術的爆炸性增長，DeepFakes 技術再次受到廣泛關注。得益於 ChatGPT、Midjourney 等生成式 AI 技術的支持，AI 換臉技術的商業潛力正逐步顯現，特別是在電影、直播、電子商務等領域，其應用前景被認為具有無限可能，同時也帶來了諸多商機。

▲ 圖 4-5：**螞蟻牙黑**。
資料來源：Youtube

---

3 「螞蟻牙黑」這個梗的意思就是一個諧音梗，原歌曲《不怕不怕》的一句類似的歌詞，因為歌詞中有一句「嗎咿呀嘿」，讀音非常像螞蟻牙黑，所以這個梗就經常被拿出來調侃。而且這段歌也常被用在各種魔性的影片中，讓許多網友開懷大笑。

　　然而影像換臉、視訊換臉和直播換臉應用技術，從 DeepFace 到 Faceswap，再到 Roop，AI 換臉技術已經發展出了所謂的「一鍵換臉」方法，這一方法不需要進行模型訓練。這種技術是基於一種名為「GHOST」的新技術，它提供了一種全新的、用於影像和視訊領域的一鍵換臉方案。

　　該技術運用了先進的生成對抗網路（GAN）和自動編碼器等技術，能夠達到精準且穩定的換臉效果。「GHOST」技術的一大特色是無需模型訓練即可進行換臉，使得操作變得快速且簡單。這種方法的優勢在於能夠迅速生成換臉圖像或影片，無需經歷繁瑣的訓練過程。

4-3　AI 換臉到底是怎麼辦到的？

　　首先，讓我們來解析一下 AI 換臉技術的基本工作流程。在這一過程中，首要步驟是確定一個源頭，它可能是一張圖片、一段影片，或是即時捕捉的相機畫面。接著，我們需要選擇一張用於替代原始影像中人物面孔的臉部圖片或影片片段。在這些準備工作完成後，AI 換臉工具便會接手進行後續的處理，最終生成換臉效果的輸出。

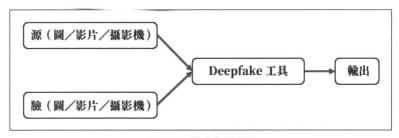

▲ 圖 4-6：換臉處理流程。
資料來源：作者提供

　　這個處理流程具體包括哪些步驟呢？

　　整個過程可以概括為幾個關鍵階段；首先，系統會對輸入的影像進行人臉識別，確定待替換的臉部位置。隨後，系統將提取該臉部的關鍵特徵，為接下來的步驟奠定基礎。而核心環節則是人臉的替換操作，這一階段主

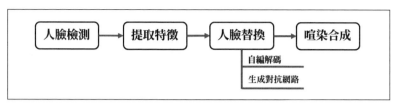

▲ 圖 4-7：換臉步驟。

資料來源：作者提供

要依賴於自動編解碼器和生成對抗網路等先進算法來實現。最終階段是將替換後的臉部與原始影像無縫融合，以達到自然、逼真的換臉效果。這些階段共同構成了 AI 換臉技術的完整處理流程。

4-4　一鍵生成，傻瓜換臉軟體──Swapface

適用：Windows

費用：可免費使用，亦可付費升級

連結：https://swapface.org/

邀請碼：szxLM8Ms（註冊時填入邀請碼將可獲得 5 美元折價券與 15 點積分）

AI 換臉的軟體有很多，我就不一一贅述，這章節就介紹比較簡單，並且可以免費使用的軟體 swapface。這套軟體有付費方案，但經過作者測試，免費的已經很夠用了。而下一章節將介紹一個開源軟體，讓大家可以依據需求做選擇。

Swapface 是一個線上平台，讓你能夠連接你的鏡頭，點擊開始按鈕後，即可即時將你的臉與圖庫中數以千計的高質量、隨時可用的臉孔進行置換。你可以選擇任何你喜歡的人物或角色，如名人、政治家、動畫角色、動物等，並將他們的臉與自己或他人交換，以創造出各種有趣或令人驚嘆的效果。

4-4-1 Swapface 軟體特色

- 它允許你即時進行臉部置換，無需等待生成或下載，只需連接相機並點擊開始按鈕，即可看到即時效果。

- 它讓你可以從圖庫中選擇任何你想置換的面孔，圖庫中擁有數以千計的高質量、隨時可用的面孔，無論是特定人物、風格、氛圍，或是抽象的概念、情感、主題，都可以進行選擇。

- 它可以應用於直播、影片通話或娛樂用途，如在 Twitch、YouTube、Zoom 等平台上進行臉部置換直播，或在 Instagram、TikTok 等平台上用於娛樂。

- 它確保你的隱私和安全，所有的過程和數據都在你個人的設備上處理，因此只有你自己能夠訪問你的數據。它也不會收集或存儲任何個人的資訊或圖片。

設備和環境要求：安裝軟件前，需要具備顯示卡和網路鏡頭。若想獲得完美的臉部置換直播效果，建議使用支援 1080P 及兼容 DirectX 12 的顯示卡（RTX 20+）。

4-4-2 Swapface 售價

▲ 圖 4-8：Swapface 各方案售價。

資料來源：Swapface 網站

Swapface 換臉效果非常不錯，即使是免費的方案也應足夠測試，除了浮水印外，其他都還蠻有誠意的，以下便介紹免費方案：

（PS：方案隨時都有變動的可能，以下僅供參考）

- Watermark：浮水印
- 10 image faces upload per day：每天上傳 10 張人臉圖像
- 10 video faces upload per day：每天上傳 10 個視訊臉孔
- 10 stream faces upload per d
- ay：每天上傳 10 個串流面孔
- 10 image faceswap per day：每天 10 張圖片換臉
- 10 video faceswap per day：每天 10 次視訊換臉
- 10 stream faceswap per day：每天 10 次直播換臉

4-4-3 Swapface 使用教學

Swapface 軟體非常簡單好用，只需以下幾個步驟：

Step1：造訪 https://swapface.org/，進入 swapface 軟體的主頁。

在主頁上方點選「Download for Windows」按鈕，下載並安裝 swapface 軟體到你的電腦。

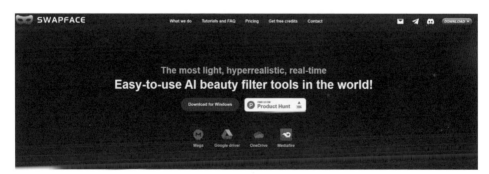

▲ 圖 4-9：SWAPFACE 網站。
資料來源：Swapface 網站

Step2：開啟 swapface 軟體，選擇「Sign up」註冊。

▲ 圖 4-10：註冊 SWAPFACE 會員。
資料來源：Swapface 網站

Step3：註冊時記得填入邀請碼「szxLM8Ms」。

▲ 圖 4-11：記得填寫邀請碼「szxLM8Ms」。
資料來源：Swapface 網站

Step4：Swapface 軟體環境配置。

連接你的相機；如果你沒有鏡頭，也可以使用手機當作鏡頭，並且透過 WiFi 或 USB 連接到電腦上。

在 swapface 軟體中點選「Start」按鈕，並且從圖庫中選擇一個你想要替換的臉。你也可以點擊「Random」按鈕，隨機選擇一個你想要替換的臉。

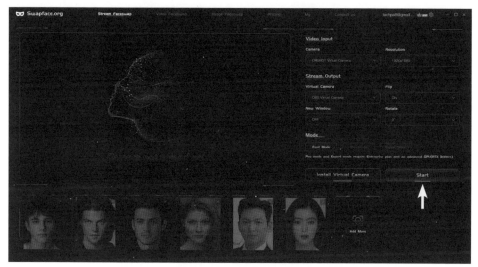

▲ 圖 4-12：Swapface 介面。
資料來源：Swapface 網站

等待幾秒鐘，就可以看到即時的臉部交換效果出現在螢幕上。你可以點擊「Stop」按鈕來停止臉部交換，並且點擊「Save」按鈕來儲存產生的圖片。

如果你想要進行直播、視訊通話或娛樂應用，只需要在對應的平台上選擇 swapface 軟體作為攝影機輸入來源，並且開始你的活動。例如，在 Twitch 上進行直播時，在設定中選擇 swapface 作為攝影機設備，並且開始直播。

4-4-4 範例：照片換臉

Step1：切換到「Image Swapface」標籤頁（Tab Page），點擊「Upload Image」上傳準備被取代的圖片。

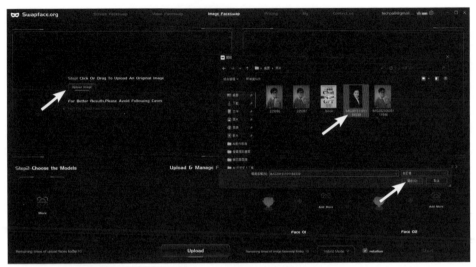

▲ 圖 4-13：Swapface 照片換臉。
資料來源：Swapface 網站

Step2：選擇一個準備替換的 model 圖片，點選「Upload」按鈕。

▲ 圖 4-14：照片換臉，上傳圖片。
資料來源：Swapface 網站

Step3：點擊「Start」按鈕。

▲ 圖 4-15：開始照片換臉。

資料來源：Swapface 網站

Step4：看換臉後的效果。

▲ 圖 4-16：照片換臉成果。

資料來源：Swapface 生成

4-4-5 **範例：影片換臉**

Step1：切換到「Video Swapface」標籤頁面，點選影片縮圖來上傳準備被
替換的影片。同時選擇被替換的人臉，點選「Choose」按鈕。

▲ 圖 4-17：Swapface 影片換臉標籤頁面。

資料來源：Swapface 生成

Step2：選擇替換的臉部，按下「Start」按鈕。

▲ 圖 4-18：選擇影片換臉時要替換的臉。

資料來源：Swapface 生成

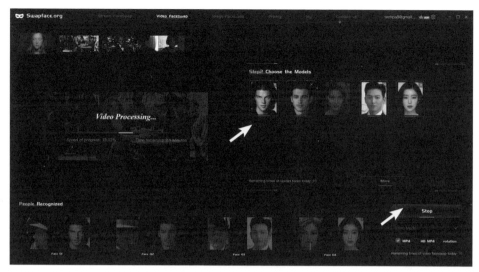

▲ 圖 4-19：影片換臉融合中。
資料來源：Swapface 生成

Step3：觀看換臉後的效果。

▲ 圖 4-20：影片換臉後的成果。
資料來源：Swapface 生成

4-5　萬能君，三合一換臉軟體—— Roop、FaceFusion、Rope

適用：Windows
費用：免費使用
連結：https://reurl.cc/rrW6lb

　　Roop、FaceFusion、Rope 這三個都是開源免費的程式，但是一提到開源程式，就有很多人會排斥，原因在於又要設定環境、安裝軟體、下程式語法⋯等，步驟繁瑣。因此網路上這一位萬能君大神將這些開源程式整合在一起，你只需要點擊程式，便可立即使用，非常簡單。我在這裡提供程式下載連結，並定期更新，需要的朋友請掃描 QR code 下載。

4-5-1　三合一換臉軟體使用教學

　　注意事項：此開源程式是英文語系，所以下載軟體後，存放路徑不能有中文，檔案名稱也不能有中文或其它特殊字符。下載後，你可以存放在 D 槽或 C 槽根目錄底下，而要轉換的影片與圖片也可放在此資料夾裡，以確保能正常運作。

Step1：打開資料夾，尋找 AI 人臉置換工具，然後點擊它執行程式。

▲ 圖 4-21：點擊執行換臉程式。
資料來源：作者提供

點擊後等待打開介面，介面如下。

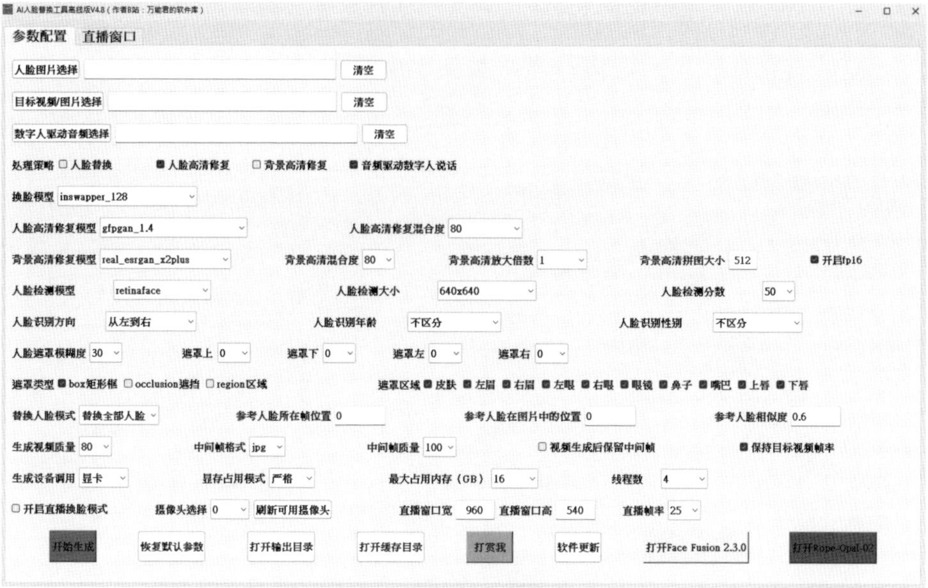

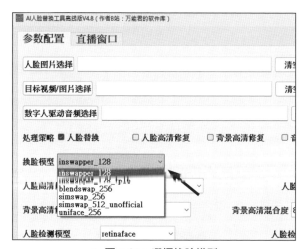

▲ 圖 4-22：三合一換臉程式介面。
資料來源：作者提供

Step2：換臉模型有數個可提供測試，皆可試做看看換臉之後的效果。

有的電腦顯示卡不一樣，換臉的效果也不同。

▲ 圖 4-23：選擇換臉模型。
資料來源：作者提供

Step3：如果是獨立顯示卡，在產生裝置呼叫處選擇顯示卡；如果沒有獨
立顯示卡，請選擇 CPU。

至於其它功能，大家自行嘗試調節看看其效果，一般預設就可以換臉
成功了。

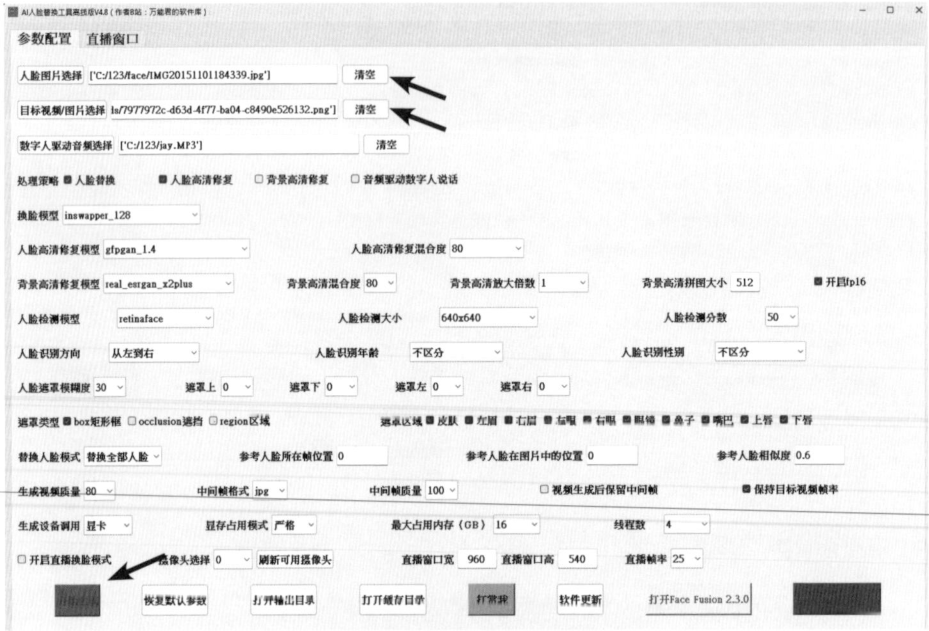

▲ 圖 4-24：圖片 – 影片換臉功能選項。
資料來源：作者提供

▲ 圖 4-25：換臉效果。
資料來源：作者提供

上圖可以看到換臉後的效果，把臉換成劉德華，思考一下，在抖音或快手有大量的美女影片，如果要做短影音的話，應該找臉部差異比較大的，換臉後才有較大的改變，這樣就是一個二創的影片。

最後，希望大家把 AI 換臉用在正途，不要逾越道德的底線，更不要用於違法犯罪。

4-6　蘋果電腦（Mac）或電腦小白皆可使用的換臉軟體 —— AKOOL

適用：Windows 與 Mac 系統

費用：免費使用 50 積分，可付費升級

連結：https://akool.com/

因為系統架構的關係，比較少看見 Mac 的換臉程式，那 Mac 電腦的用戶怎麼辦呢？這時，作者建議可使用線上換臉的網站。類似的網站不少，我推薦一款 AKOOL 線上換臉網站，雖然不完全免費，但重點是你的電腦配備不需要多好，只要有網路就好，因此非常適合電腦小白使用，以下就教導你如何使用。

4-6-1　AKOOL 售價

這個網站註冊後會送你 50 積分，而換臉的照片是 4 個積分，換臉的影片則是每 10 秒 10 積分，所以免費的積分當然是不夠使用，接下來介紹一下它的付費價格。便宜的方案是一個月 21 美元，可擁有 600 積分 / 月，一般用戶應該就足夠使用了，以下教學如何使用。

▲ 圖 4-26：AKOOL 售價。

資料來源：AKOOL 網站

4-6-2　AKOOL 使用教學

Step1：首先到網站註冊後即可享 50 積分。

▲ 圖 4-27：AKOOL 網站。

資料來源：AKOOL 網站

▲ 圖 4-28：註冊送 50 積分。

資料來源：AKOOL 網站

Step2：選擇 AKOOL 產品，產品下有很多選項可供選擇。

▲ 圖 4-29：選擇換臉程式。

資料來源：AKOOL 網站

Step3：選擇上傳檔案（Choose filess）。

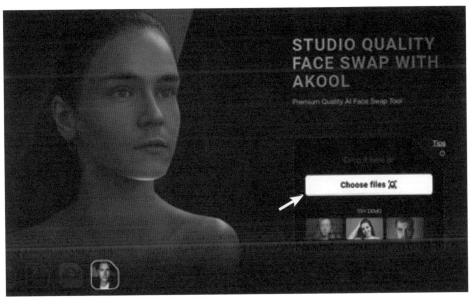

▲ 圖 4-30：上傳要修改的檔案。

資料來源：AKOOL 網站

Step4：AKOOL 會抓取影片中所有的頭像。

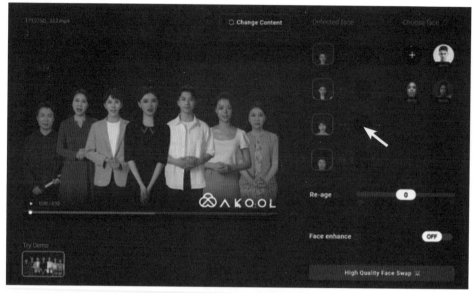

▲ 圖 4-31：AKOOL 自動抓取臉孔。
資料來源：AKOOL 網站

Step5：上傳想要更換的頭像。

▲ 圖 4-32：選擇更換臉孔。
資料來源：AKOOL 網站

Step6：對應換臉人物與打開「Face enhance」，按下「High Quality Face Swap」，生成換臉影片。

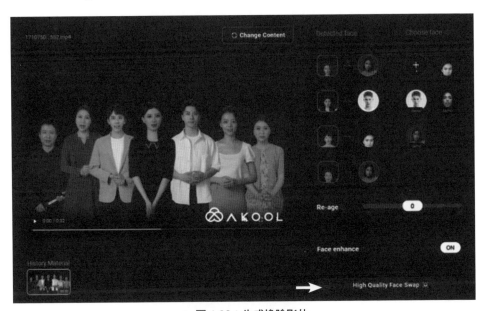

▲ 圖 4-33：生成換臉影片
資料來源：AKOOL 網站

作者的影片有 32 秒，但不足 10 秒也要收取 10 積分，所以這部換臉影片作者花費了 40 積分。

▲ 圖 4-34：花費的積分。
資料來源：AKOOL 網站

Step7：接著按下「My Library」，等待生成下載。

▲ 圖4-35：按下「My Library」，下載影片。

資料來源：AKOOL 網站

Step8：完成品如下圖。

▲ 圖4-36：換臉影片成果。

資料來源：AKOOL 生成

PART

5

親耳聽到不一定是真的——
人工智慧複製（克隆）聲音

———— 本章學習重點 ————

· 認識語音合成技術的起源和發展，了解其在人工智慧中的應用。
· 掌握 GPT-SoVITS 和 ElevenLabs 等主要工具的功能和特點。
· 學習如何利用這些工具來創作符合需求的語音內容，並探討其在
  各行各業的應用潛力。

在「AI 換臉」或虛擬主播（數字人物）技術引起廣泛關注後，AI 的聲音模仿與合成技術也逐漸成為熱點。這項技術利用 AI 模型學習人的聲音特徵，如音色、音調和語速等，並運用語音合成技術創造全新的聲音。其效果類似於高級版的變聲器，能夠精準模仿特定人物的聲音，達到令人難以分辨真偽的程度。

5-1　人工智慧複製聲音從何開始？

語音技術是人們接觸 AI 的入門工具之一，也是最早從實驗室走向普及的 AI 技術。起初，智能語音技術的研究主要集中在語音識別上，也就是使機器能夠理解人類的語言。

最早基於電子計算機的語音識別系統由 AT&T 貝爾實驗室開發，名為 Audrey，能夠識別 10 個英文數字。1988 年，李開復開發了第一個基於隱藏馬爾可夫模型的大詞彙量語音識別系統 Sphinx。1997 年，面向消費者的連續語音識別系統 Dragon NaturallySpeaking 正式發布。2009 年，微軟在 Windows 7 操作系統中加入了語音功能。

2011 年，標誌性的產品 iPhone 4S 發布，帶來了 Siri 將智能語音推向新的「互動」階段。同年，Google 宣布開始內部測試 Google 的語音搜索

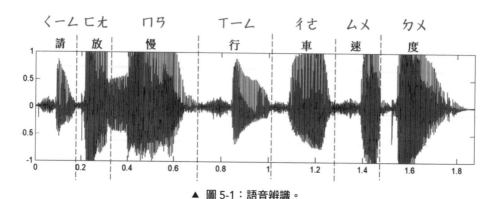

▲ 圖 5-1：語音辨識。

資料來源：維基百科—丁建均（http://djj.ee.ntu.edu.tw/ADSP7.pdf）

功能，並計劃在未來推廣至 Google.com。

從聽到說的轉變，是人機互動發展的重要基石。如今，從 AI 智慧家居到自動駕駛，再到機器人，語音互動在 AI 技術不斷進步下變得更加流暢，應用也日益豐富。在技術層面，許多雲端運算公司已經開放了他們的 AI 語音技術，允許開發者在此基礎上進行應用開發。

5-1-1 語音合成的基本流程

基於深度學習的語音合成技術，流水線包含**文字前端**（Text Frontend）[1]、**聲學模型**（Acoustic Model）[2]和**聲碼器**（Vocoder）[3]三個主要模組：

- 文字前端模組將原始文本轉換為字元／音素

- 聲學模型將字元／音素轉換為聲學特徵，如線性頻譜圖、mel 頻譜圖、LPC 特徵等

- 聲碼器將聲學特徵轉換為波形

---

1 語音辨識中的「文字前端」通常指的是處理語音信號之前的一系列步驟，用於將語音信號轉換成一種更適合語音辨識系統處理的格式或表達。這可能包括去噪、聲學特徵提取、語音活動檢測等步驟，以便將實際的語音內容與背景雜音或無聲段落分開，並轉換成一種更加「乾淨」和結構化的形式，使得後續的語音辨識過程更加準確和高效。簡而言之，文本前端就是語音辨識系統中處理和準備語音數據的第一階段。

2 語音辨識中的「聲學模型」是一種數學模型，用來理解或解釋語音信號和語言單位（如音素、字或詞）之間的關係。它的目的是將語音信號轉換成一系列的語言單位，這樣語音辨識系統就能識別出人們所說的話。簡單來說，聲學模型就像是一個翻譯器，把人們的語音轉換成機器能理解的文字。

3 語音辨識中的「聲碼器」是一種工具或技術，它將語音信號轉換成一種編碼的形式，通常是為了更有效地傳輸或存儲。在語音辨識系統中，聲碼器的作用是捕捉和壓縮語音信號中的關鍵資訊，同時去除不必要的部分，以降低資料量和保留對於辨識來說重要的特徵。簡單來說，聲碼器就是把語音信號打包，讓它既小又滿載重要資訊的工具。

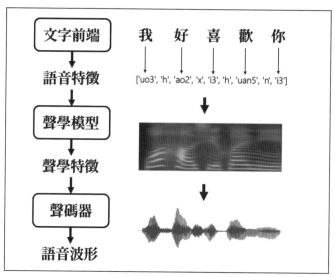

▲ 圖 5-2：語音合成的基本流程。

資料來源：作者提供

5-1-2 開源項目 GPT-SoVITS 克隆聲音

隨著大型 AI 模型的興起，直接在模型層面的開源能力受到越來越多的關注，開發者可以透過對模型的訓練和微調，進一步提升應用的部署效果。RVC（基於檢索的語音轉換）的創始人（GitHub 用戶名：RVC-Boss）開源了一個受歡迎的聲音克隆項目 GPT-SoVITS[4]，該項目一經推出，就受到了廣泛的關注。許多網紅、部落格主和開發者利用它來創建流行的影視角色或動漫人物的聲音內容，為其人氣再添熱度。根據多位網紅和部落格主的測試，只需 5 秒的語音樣本就能生成高達 80% 至 95% 相似度的克隆聲音。

聲音克隆軟體能夠複製和模擬人聲，主要依賴於語音信號處理和聲音合成的演算法。該軟體首先透過麥克風等錄音設備捕捉使用者的原始語音

4　GPT-SoVITS 是一款開源的語音複製和文字轉語音轉換工具，具備零樣本和少樣本的語音克隆能力。它利用極少量的音源數據，只需一分鐘的素材即可訓練出高品質的聲音。克隆模型工具支援中、英、日三種語言的語音轉換和文字轉語音轉換，使用者可在其他軟體中呼叫 GPT-SoVITS 實現文字合成語音，如視訊翻譯配音工具。

信號，然後將這些信號轉送至電腦進行進一步的處理與分析。

1. **在語音信號處理階段**：軟體對原始的語音信號進行預處理，包括降噪和去除背景雜聲，以確保提取的聲音特徵清晰可辨。之後，透過數位信號處理技術，將語音信號轉換為頻譜表示，這一過程涉及到對信號的頻率、幅度和相位等信息的分析。

2. **在聲音合成階段**：軟體利用得到的頻譜信息來生成新的聲音信號。這一過程包含了音訊合成技術，既包括基於規則的合成方法，也涉及統計建模方法。基於規則的合成依據特定的模型和規則對頻譜信息進行重建，而統計建模則是基於大量語音數據，透過統計分析和機器學習技術構建語音合成模型，根據輸入的頻譜信息來預測和生成匹配的聲音信號，通常能實現更自然的聲音合成效果。

除了語音信號處理和聲音合成算法，聲音克隆軟體還可能包含其他功能和技術，比如聲音效果處理和語音識別功能。聲音效果處理允許用戶修改聲音的音色、音調和音量等特性，提供更多創意和個性化的聲音選擇。而語音識別技術則使軟體能夠識別並回應用戶的聲音指令，實現更加智能和互動的功能。

整體來說，聲音克隆軟體的技術原理是基於對原始語音信號的處理和分析，利用頻譜信息來生成新的聲音信號。這些高級的演算法和技術為用戶提供了強大的工具，不僅能夠複製各種不同的聲音，還能模擬新的聲音，推動了創新的音訊應用的發展。

5-2 文本即可生成語音，超逼真──
十一實驗室（ElevenLabs）

適用：Windows、Mac

費用：可免費使用文字轉語音，克隆聲音需要付費升級

連結：https://elevenlabs.io/?from=partnerbutler 9945

隨著人工智慧工具的快速發展，十一實驗室（ElevenLabs）AI脫穎而出，專注於將樸素的電子聲轉變為栩栩如生的個性化語音。該平台利用先進的語音複製技術，進一步提升了這一轉化過程，使用者能夠根據自己或他人的聲音樣本創建新的語音內容。Eleven Labs AI集成了這些強大功能，僅需不到60秒的聲音樣本，就能生成極其接近原聲的人聲，包括自然的停頓和流暢的轉換。

這個工具能夠將文本轉化為聽起來自然的語音，適合用於多種應用場景，包括製作影片、播客或敘事內容。

該平台提供了廣泛的聲音定制選項，允許用戶根據特定的需求和偏好調整聲音。無論是探索不同的語調、情感還是口音，都能幫助用戶針對不同的受眾群體創建適合的聲音。更加吸引人的是，用戶還能創造獨一無二的AI語音，這對於需要大量語音內容的影片製作來說，極大地簡化了工作流程。

5-2-1 ElevenLabs 語音合成使用教學

ElevenLabs複製聲音是需要升級付費的，但免費版本可以語音合成，現成的語音也是很好用的，先來教學語音合成，再來教學付費版的克隆聲音。

Step1：點擊「get started for free」註冊。

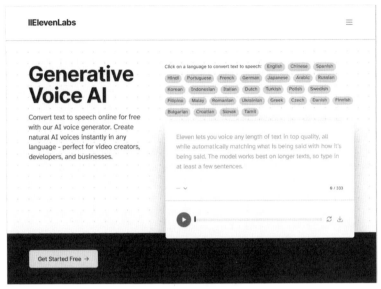

▲ 圖 5-3：十一實驗室網站。
資料來源：十一實驗室網站

Step2：點擊「google 快速註冊」或「信箱註冊」。

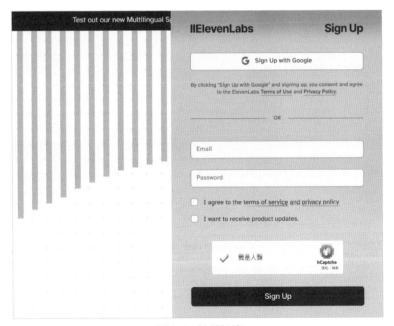

▲ 圖 5-4：註冊帳號。
資料來源：十一實驗室網站

Step3：註冊完後，就會來到製作頁面的設定。（如圖 5-5 所示）

1. 可以選擇要文字轉語音，還是語音轉另外的人聲。

2. 聲音的設定。

    第 1 行：選擇聲音模型；選擇版本最高的就是了。

    第 2 行：選擇想要的聲音模型。

    第 3 行：設定聲調的起伏變化。

3. 輸入你的文字內容。最後都設定完成後，就點擊最底下的
    「generate」。

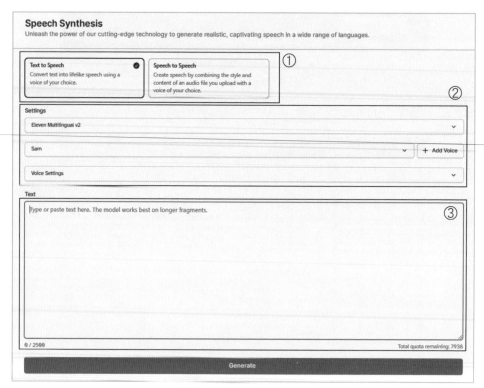

▲ 圖 5-5：語音合成操作介面。

資料來源：十一實驗室網站

Step4：完成後，最底下就可以直接播放、下載。

▲ 圖 5-6：完成下載。
資料來源：十一實驗室網站

5-2-2　ElevenLabs 語音轉語音合成使用教學

用音檔換成其他人聲，就是把 Text to speech 的部分切換為 Speech to Speech，然後底下上傳你的音檔即可，其他步驟都跟前面一樣不變。

Speech Synthesis
Unleash the power of our cutting-edge technology to generate realistic, captivating speech in a wide range of languages.

Text to Speech
Convert text into lifelike speech using a voice of your choice.

Speech to Speech
Create speech by combining the style and content of an audio file you upload with a voice of your choice.

Settings

Eleven English v2

Sam   + Add Voice

Voice Settings

Audio

Click to upload a file or drag and drop, the best results are achieved
when the audio is clean and free of background noises
Upload audio file, up to 50MB

OR

Record Audio

Generate

▲ 圖 5-7：語音轉語音操作介面。
資料來源：十一實驗室網站

5-2-3 ElevenLabs 創造自訂聲音、複製自己的聲音使用教學

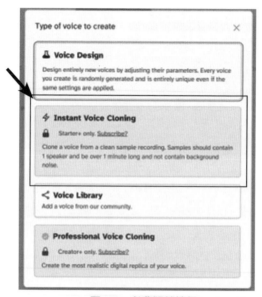

▲ 圖 5-8：免費版鎖按鈕。

資料來源：十一實驗室網站

　　進階的付費方案讓你可以創造自訂聲音或是複製自己的聲音，只需上傳你想要轉錄的語音的音訊文件，將其轉換為 MP3 文件，然後將音訊檔案上傳到 Eleven Labs。等待幾分鐘，讓系統處理音訊檔案並建立 AI 語音，過程完成後，你可以輸入所需的文本，並要求系統建立一個包含你剛剛上傳的語音的音訊檔案來處理你的文字。

　　不僅可以使用其他人的聲音，該程式還支援你複製自己的聲音作為建議的 AI 語音。為此，你可以依照上面的自訂語音建立過程相同的步驟。但是，你將上傳包含自己聲音的音訊檔案系統，而不是使用包含其他人聲音的音訊檔案。處理完成後，可以按下「儲存」按鈕，讓程式錄製你的聲音並讓你下載。

Step1：選擇「Voices」。

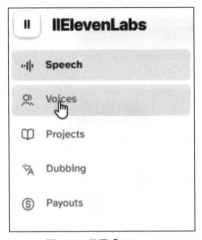

▲ 圖 5-9：選擇「Voices」。
資料來源：十一實驗室網站

Step2：VoiceLab 增加聲音。

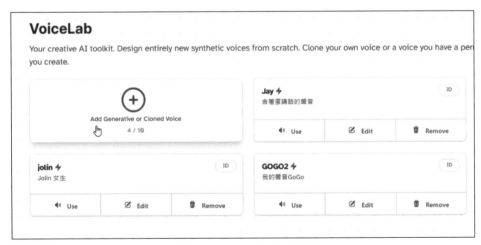

▲ 圖 5-10：VoiceLab 增加聲音。
資料來源：十一實驗室網站

Step3：選擇「Instant Voice Cloning」。

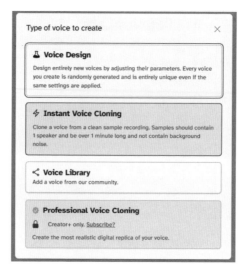

▲ 圖 5-11：選擇「Instant Voice Cloning」。
資料來源：十一實驗室網站

Step4：先寫音檔名字，再選擇上傳音檔或錄製聲音，即可生成聲音模型。

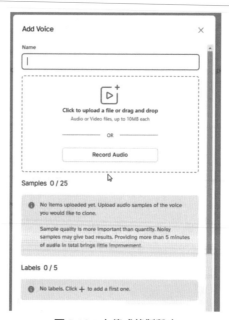

▲ 圖 5-12：上傳或錄製聲音。
資料來源：十一實驗室網站

Step5：生成完成後即可在 VouceLab 中使用。

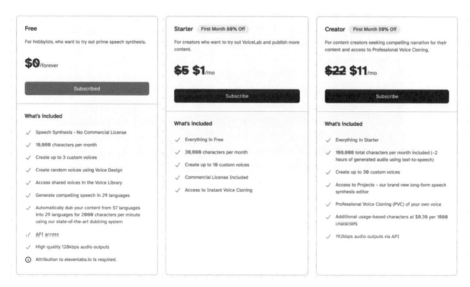

VoiceLab

Your creative AI toolkit. Design entirely new synthetic voices from scratch. Clone your own voice or a voice you have a permission and rights to. Only you have access to the voices you create.

| ⊕ Add Generative or Cloned Voice 5 / 10 | **Jay** ⚡ 含老蕭講話的聲音 ⏚ Use ☑ Edit 🗑 Remove | **GOGO11** ⚡ No description provided. ⏚ Use ☑ Edit 🗑 Remove |
| **Najib Razak voice no1** ⚡ No description provided. ⏚ Use ☑ Edit 🗑 Remove | **jotin** ⚡ Jolin 女生 ⏚ Use ☑ Edit 🗑 Remove | **GOGO2** ⚡ 我的聲音GoGo ⏚ Use ☑ Edit 🗑 Remove |

▲ 圖 5-13：使用 VouceLab 模型。
資料來源：十一實驗室網站

5-2-4 ElevenLabs 售價

　　學會文字轉語音與語音轉語音後，現在要學如何複製聲音，首先得先升級，以下是聲音複製要升級的價格。

　　Eleven Labs 提供免費和付費方案供個人和企業使用；免費計劃每月提供 10,000 字，供用戶創建語音和下載音頻檔案。

Free
For hobbyists, who want to try out prime speech synthesis.

$0/forever

Subscribed

What's included
- ✓ Speech Synthesis - No Commercial License
- ✓ 10,000 characters per month
- ✓ Create up to 3 custom voices
- ✓ Create random voices using Voice Design
- ✓ Access shared voices in the Voice Library
- ✓ Generate compelling speech in 29 languages
- ✓ Automatically dub your content from 57 languages into 29 languages for 2000 characters per minute using our state-of-the-art dubbing system
- ✓ API access
- ✓ High quality 128kbps audio outputs
- ⓘ Attribution to elevenlabs.io is required.

Starter First Month 80% Off
For creators who want to try out VoiceLab and publish more content.

$5 $1/mo

Subscribe

What's included
- ✓ Everything in Free
- ✓ 30,000 characters per month
- ✓ Create up to 10 custom voices
- ✓ Commercial License Included
- ✓ Access to Instant Voice Cloning

Creator First Month 50% Off
For content creators seeking compelling narration for their content and access to Professional Voice Cloning.

$22 $11/mo

Subscribe

What's included
- ✓ Everything in Starter
- ✓ 100,000 total characters per month included (~2 hours of generated audio using text-to-speech)
- ✓ Create up to 30 custom voices
- ✓ Access to Projects - our brand new long-form speech synthesis editor
- ✓ Professional Voice Cloning (PVC) of your own voice
- ✓ Additional usage-based characters at $0.30 per 1000 characters
- ✓ 192kbps audio outputs via API

▲ 圖 5-14：Elevenlabs 售價。
資料來源：十一實驗室網站

5-3　只需 1 分鐘即可克隆聲音 ── GPT-SoVITS

　　GPT-SoVITS 是一個開源的 TTS 項目，只需要 1 分鐘的音訊檔案就可以克隆聲音，支援將中文、英語、日語三種語言的文字轉為克隆聲音，作者已測試，部署很方便，訓練速度很快，效果很好。

　　適用：Windows

　　費用：可免費使用克隆聲音

　　下載：https://reurl.cc/dLN2Z2

5-3-1　GPT-SoVITS 使用教學

Step1：至無遠弗屆教學教室網站找 AI 複製聲音的文章，亦可直接搜尋 AI
　　　 複製聲音。

▲ 圖 5-15：GPT-SoVITS 下載頁面。
資料來源：無遠弗屆網站

◨ 無遠弗屆	Q Ai 複製聲音	回首頁　　Youtube　　AI換臉教學　　數字人教學　　工商合作

▲ 圖 5-16：搜尋 AI 複製聲音文章。
資料來源：無遠弗屆網站

Step2：點擊內文「GPT-SoVITS」下載程式。

十一實驗室ElevenLabs ：https://elevenlabs.io/

剪映(剪映專業版)：https://www.capcut.cn/

GPT-SoVits 下載 ：https://reurl.cc/oro4oM ⬅

▲ 圖 5-17：點擊內文「GPT-SoVITS」下載程式。
資料來源：無遠弗屆網站

Step3：下載後解壓縮 GPT-SoVITS，並點擊「go-webui」執行程式。

🎞 ffmpeg	2021/2/28 下午 08:30	應用程式	51,685 KB
🎞 ffprobe	2022/4/16 上午 11:35	應用程式	119,273 KB
🗔 go-webui	2024/1/30 下午 11:01	Windows 批次檔案	1 KB
📄 go-webui	2024/1/30 下午 11:01	Windows PowerS...	1 KB
📄 gweight	2024/3/8 下午 11:52	文字文件	1 KB

▲ 圖 5-18：點擊執行程式。
資料來源：GPT-SoVITS

Step4：首先請錄製乾淨無背景音的聲音，再選擇語音切分工具。

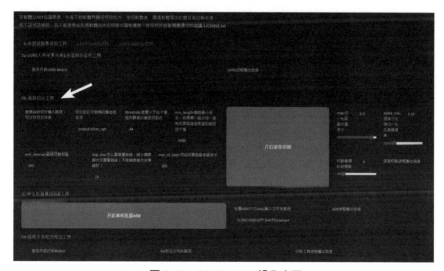

▲ 圖 5-19：GPT-SoVITS 操作介面。
資料來源：GPT-SoVITS

Step5：將錄製的語音路徑貼至下方欄位。

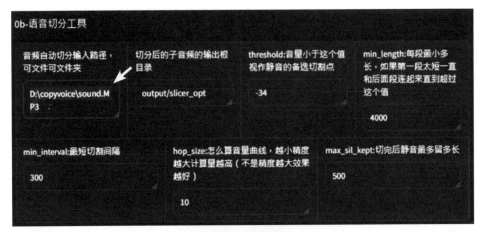

▲ 圖 5-20：語音路徑。
資料來源：GPT-SoVITS

Step6：按下「開啟語音切割」，等待顯示切割結束後，即完成此步驟。

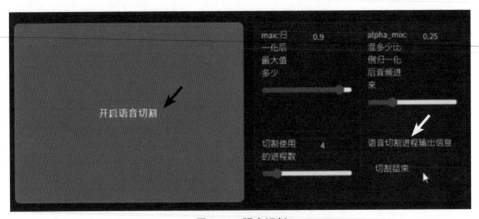

▲ 圖 5-21：語音切割。
資料來源：GPT-SoVITS

Step7：產生與聲音對應的文本，更改輸入文件夾路徑；文件夾路徑即是
上一步驟語音切割後的文件夾位置，然後點擊「開啟離線批量
ASR」按鈕。

▲ 圖 5-22：聲音對應的文本。
資料來源：GPT-SoVITS

　　文件夾位置如下圖，如果你沒改設定的話，會在程式資料夾內
→ output → slicer_opt。找到資料夾後按滑鼠右鍵，選擇複製路徑，然後貼
回圖 5-23 文件夾位置。

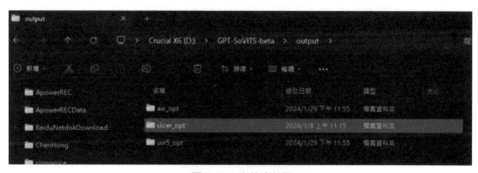

▲ 圖 5-23：文件夾位置。
資料來源：GPT-SoVITS

▲ 圖 5-24：複製路徑。
資料來源：GPT-SoVITS

Step8：聲音對應的文本會生成比較久，可點開終端機介面觀看處理進度。

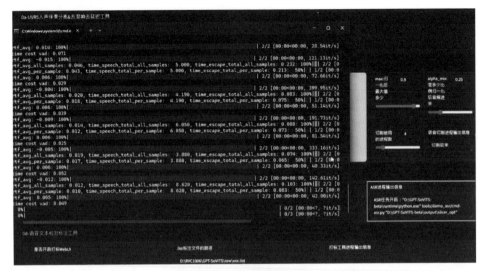

▲ 圖 5-25：終端機操作介面。
資料來源：GPT-SoVITS

Step9：文本語音標註，修改 .list 標註文件的路徑，這路徑在程式資料夾
→ asr_opt 的資料夾裡面的 .list 檔案，按滑鼠右鍵，選擇「複製路
徑」，複製後貼回。

▲ 圖 5-26：文本語音標註。
資料來源：GPT-SoVITS

▲ 圖 5-27：按滑鼠右鍵，選擇「複製路徑」。
資料來源：GPT-SoVITS

Step10：點擊「是否開啟打標 WebUI」，稍待一下，開啟打標介面。

▲ 圖 5-28：**開啟打標 WebUI。**
資料來源：GPT-SoVITS

Step11：對應聲音與文字是否有辨識錯誤，錯誤可自行修正，完成後按下
「Save File」。

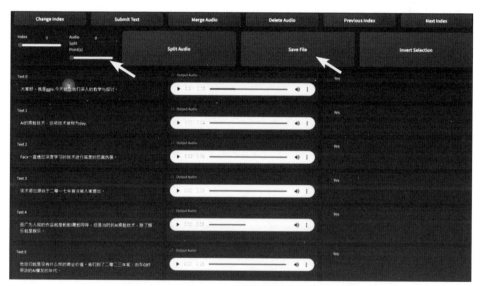

▲ 圖 5-29：**對應聲音與文字。**
資料來源：GPT SoVITS

以上聲音模型已建立，準備合成語音。

Step12：點選「1-GPT-SoVITS-TTS」，再給它一個實驗名。

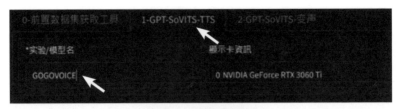

▲ 圖 5-30：設定實驗名。
資料來源：GPT-SoVITS

Step13：改文本標註文件路徑，檔案就是 Step 9 產生的文件位置。

▲ 圖 5-31：文本標註文件路徑。
資料來源：GPT-SoVITS

Step14：改訓練集音頻文件路徑，檔案就是 Step 7 產生的文件位置。

▲ 圖 5-32：改訓練集音頻文件路徑。
資料來源：GPT-SoVITS

Step15：點擊「開啟一鍵三連」。

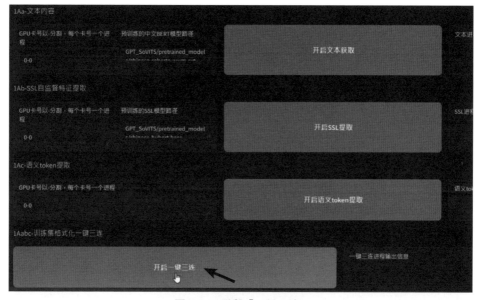

▲ 圖 5-33：點擊「一鍵三連」。
資料來源：GPT-SoVITS

Step16：選擇「1B- 微調訓練」，按下「開啟 SoVITS 訓練」。

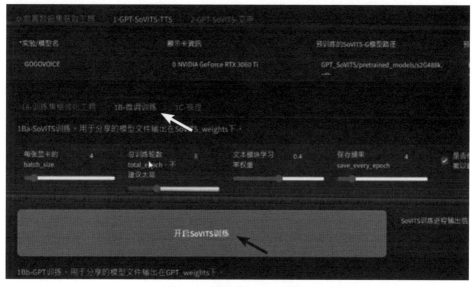

▲ 圖 5-34：開啟「SoVITS 訓練」。
資料來源：GPT-SoVITS

Step17：開啟 GPT 訓練。

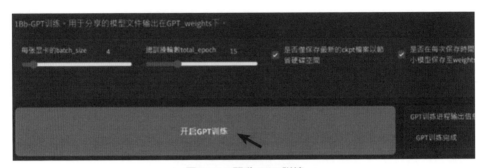

▲ 圖 5-35：開啟 GPT 訓練。
資料來源：GPT-SoVITS

Step18：按下「1C- 推理」→刷新模型路徑→ SoVITS 模型列表，選擇「訓練好的模型」。

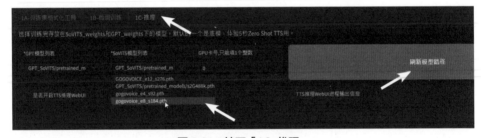

▲ 圖 5-36：按下「1C- 推理」。
資料來源：GPT-SoVITS

Step19：開啟 TTS 推理 WebUI，這部分會等一下，然後再開啟合成語音介面。

▲ 圖 5-37：開啟 WebUI。
資料來源：GPT-SoVITS

Step20：介面中要上傳一個 3~10 秒的音頻，參考音頻文本為上傳音頻的
　　　　文字，你亦可使用 Step 6 切割的音頻。

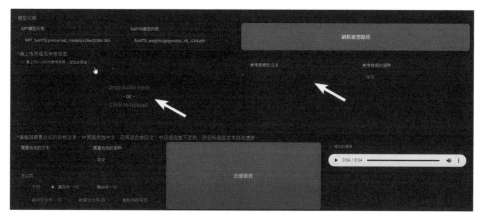

▲ 圖 5-38：語音合成操作介面。
資料來源：GPT-SoVITS

Step21：接下來輸入文字，按下「合成語音」，即完成合成。

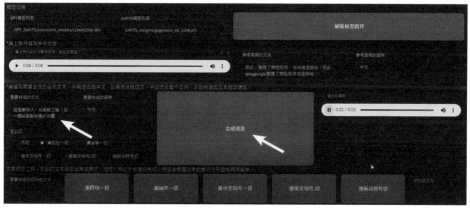

▲ 圖 5-39：合成文字語音。
資料來源：GPT-SoVITS

　　作者一直在考慮是否該分享這篇教學，心中的猶豫主要來自於過往有
些不法分子利用 AI 技術複製他人聲音來進行詐騙活動。然而，經過深思
熟慮後，我認為這技術的學習門檻其實不高，而且若公眾對此有所了解，
反而可能降低被詐騙的風險。

　　技術本質上是中性的，關鍵在於使用者如何運用它；對於那些需要製作影片內容的人來說，這項工具無疑是一大利器。只需準備一份腳本，AI就能夠使用你的聲音來完成表達。對於那些在講話時可能會結巴，或者需要製作無需露臉的教學影片的人來說，這項工具的妥善運用無疑能夠顯著提高你的工作效率。

PART

6

人工智慧創造一個人
——數位人、數字人、虛擬人

· 了解 AI 數字人的起源和演變歷史。
· 掌握 D-ID 和小冰數字人等主要工具的功能和特點。
· 學習如何利用這些工具創建符合需求的數字人,並探討其在各行
  各業的應用。

複製數字人（數位人）是一項利用先進電腦視覺和人工智慧技術，如機器學習和深度學習，來複製個人的外觀、聲音，甚至是行為的尖端技術。其核心在於收集和分析大量個人數據，如面部表情、語言和動作，進而訓練演算法以模仿這些特性。

這項技術在多個領域中具有廣泛應用，例如娛樂業中可以創造虛擬演員或數位複製人、客戶服務中引入虛擬助理、教育領域則能提供客製化的虛擬教師，增強學習體驗。在電影製作中，它甚至能讓已故演員在新作品中以虛擬形象出現。

在下一章節中，我們將探討數字人技術的演進歷程，從早期的概念和原型到當今的先進實踐，以深入了解這一領域的根源與未來趨勢。

6-1　數字人的演變史

「虛擬」一詞於醫學研究領域首次獲得廣泛採納，特別是從 20 世紀 80 年代開始，當時科學界致力於人體結構及其反應的數位化模擬研究，進而啟動了多項旨在深入探索人體機制的項目。這些研究計畫透過高精度模擬技術對人體 DNA、蛋白質、細胞、組織、器官，乃至完整的生命系統進行廣泛研究，並於此期間開始採用「虛擬」一詞。

與此同時，1982 年日本創造了「虛擬」概念的另一種應用形式，當時以動畫《超時空要塞》角色林明美為原型創造了首位虛擬歌手，其專輯成功打入當時的主流音樂排行榜，象徵著「虛擬」概念在多個領域的創新應用與發展。

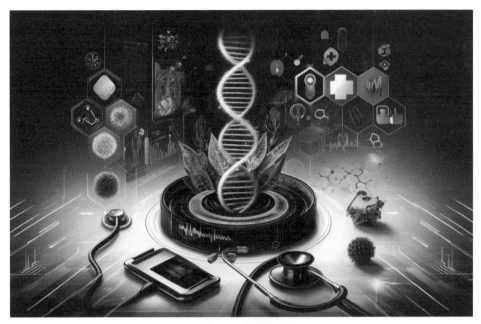

▲ 圖 6-1：虛擬醫學。
資料來源：Dall-E 產生

▲ 圖 6-2：超時空要塞林明美。
資料來源：Dall-E 產生

進入 1984 年,英國 George Stone 創造的 Max Headroom 虛擬角色,以其人類外觀和動作,在電影及廣告界獲得廣泛認可,成為當時英國著名的虛擬演員。可惜的是,由於技術限制,該虛擬形象必須以真人演員配合特效化妝和手繪來實現。

至 2001 年,《魔戒》系列中咕嚕角色的創建,標誌著 CG[1] 技術和動作捕捉技術在電影製作中的應用,這些技術隨後也被廣泛應用於《神鬼奇航》、《決戰猩球》等作品中。

2007 年,日本推出的初音未來成為首個廣受認可的虛擬數位角色,她是一個二次元風格的少女偶像,其形象主要透過 CG 技術創建,儘管早期表現相對粗糙。

▲ 圖 6-3:示意圖 Max Headroom。
資料來源:Dall-E 產生

---

1 CG(Computer-generated)動畫利用電腦技術製作的二維或三維動畫,廣泛應用於影視、遊戲、廣告等多個產業,已成為一大經濟產業。這類動畫不僅包括藝術創作,也涵蓋商業設計,並以其獨特的 CG 畫風著稱。在日本,CG 動畫對 GDP 貢獻巨大,是重要的文化出口產品。

▲ 圖 6-4：初音未來示意圖。

資料來源：Dall-E 產生

　　隨著 21 世紀初期 CG 技術和動作捕捉技術的進步，傳統手繪技術逐步被這些新興技術取代，虛擬數字角色進入了探索階段，並開始在影視娛樂行業中達到實用水平，儘管製作成本依然高昂。電影中的數字替身通常採用動作捕捉技術，真人演員穿戴動作捕捉服裝，臉部點綴表情捕捉點，以收集動作和表情數據，進而經電腦處理映射至虛擬角色上。

　　近年來，隨著深度學習演算法的進展，簡化了虛擬數字角色的製作過程，開啟了虛擬角色發展的新階段。這一時期，人工智慧成為虛擬數字角色不可或缺的組件，推動智能化虛擬人物的崛起。

　　當前，虛擬數字角色的發展正朝著智能化、便利化、精緻化和多樣化方向邁進。2019 年，Digital Domain 公司研發主管 Doug Roble 在 TED 上展示了其虛擬數字角色「DigiDoug」，該角色能夠在維持高度逼真度的同時實現實時表情和動作捕捉。

▲ 圖 6-5：Doug Roble TED 演講。
資料來源：

最近，三星旗下的 STAR Labs 在 CES 國際消費電子展上發布了 NEON 虛擬數字人項目，該項目展示了由人工智慧驅動、具有逼真外觀和表情動作的虛擬人物，能夠進行情感表達和溝通交流。

而到了今日，創造數字人已成為輕而易舉的事，無論是基於照片的數字化人像，還是打造一個與你如出一轍的數字複製品，技術都使之變得手到擒來。在本章中，我們將聚焦於如何製作一個屬於你自己的數字化版本，透過詳細步驟和指南，帶領你了解整個過程，讓你親手創造屬於你的數字分身。

6-2　數位人、數字人、虛擬人，你分清楚嗎？

接下來探討「數字人」教學前，關於名詞有些人偏好稱之為「虛擬人」或「虛擬主播」，而另一些人則依據英語中的「Digital human」或「Meta human」提倡「數位人」作為更為精準的表達。

　　而虛擬人物之所以被稱為「虛擬」，在於其身分及存在完全基於虛構，並不在現實世界中有物理形態，而是透過電腦圖形技術創建，存在於數位設備如電腦和手機之中。而「數字人」或「數位人（Digital Human）」，指的是存在於數位領域的人類形象，這一領域並無統一的定義。

　　這一表述強調了其存在於數位世界中，即由人類設計的運行在計算機上的程式碼和數據構成的世界，它基於 0 和 1 的二進制數據，與物理世界的真實性相對，數位世界屬於虛擬領域。數字人在本質上符合虛擬人物的特徵，但與之略有不同的是，數字人的身分和外觀可以基於現實世界中的實際人物設計，甚至可以與真人完全相同，這樣的數字人也可被稱作數位雙生，如 Digital Domain 創造的 Digi Doug。

　　因此，在不涉及互動交流能力和虛構身分的前提下，數位人、數字人、虛擬人、虛擬主播這些概念可以視為等同。從嚴謹的角度看，對數字人與數位人的定義相對廣泛。對我個人而言，傾向於使用「數字人」一詞，因為在由 0 和 1 構成的數位世界中，所有信息都是以數字形式連接。

　　這僅是我的個人偏好。如果在後續討論中有人對這一術語有所保留，請自行調整。但本文將以「數字人」作為後續討論。

6-2-1 照片數字人與數字人

　　照片數字人功能允許用戶上傳一張臉部照片，並根據提供的文字或音頻文件，創建出具有語音動態效果的數字人。雖然這種效果可能略顯生硬，但它仍然受到許多 YouTuber 和影音創作人的青睞。

　　另一方面，如果一個數字人的形象設計得當，它可以達到驚人的真實度。接下來，作者將分享如何創建照片數字人和高品質數字人形象的方法。

6-3　D-ID 讓靜態人臉照片說話了

　　早期引起廣泛關注的照片數字人創建工具之一是 D-ID，這是一種基於深度學習的數位面部動畫創建工具。D-ID 能夠將靜態的人臉照片轉換成逼真且充滿表情的動畫形象。該平台利用了生成對抗網路（GAN）和條件生成對抗網路（cGAN）等先進技術，透過分析大量的人臉數據來創造高質量的動態影像。

　　D-ID 的核心功能是將上傳的靜態人臉照片轉化為一系列的動態表情，能細緻捕捉人臉細微的動作和表情變化，使得生成的動畫看起來更自然真實。這為設計師和動畫製作者提供了一種快速從單一靜態圖像創建富有表情的數位角色的方式。

適用：Windows 、Mac

費用：可免費使用、提供付費升級

連結：https://studio.d-id.com/

6-3-1　D-ID 使用教學

Step1：進到 D-ID 網站之後，首頁有說明影片，想了解的人可以看一下。
　　　　接著點擊右上或左邊的「Create Video」功能。

▲ 圖 6-6：D-ID 網站。

資料來源：D-ID 網站

Step2：接著會進到以下畫面，點擊「Choose a presenter（選擇你要的人物）」。這服務有提供許多的臉孔，你也可以自行上傳靜態圖片，又或是用右邊的「AI產生功能（Generate AI presenter）」。

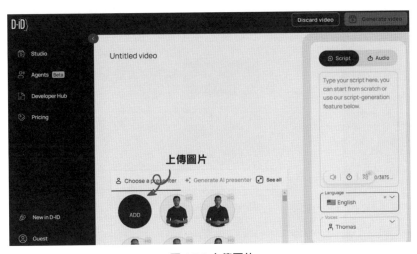

▲ 圖 6-7：上傳圖片。
資料來源：D-ID 網站

Step3：需要註冊帳號，其提供 E-Mail 或 Google、LinkedIn、Apple 帳號登入，每個新帳號都有 20 個 Credits 可用。

▲ 圖 6-8：登入與註冊帳號。
資料來源：D-ID 網站

Step4：作者使用自己的圖片。人物確定之後，右邊 Script 欄位內輸入你想要它講話的文字內容，Audio 則是上傳聲音檔。

▲ 圖 6-9：文本轉語音或上傳音檔
資料來源：D-ID 網站

Step5：先來看看聲音的部分；把你要跟圖片合成的聲音檔上傳後，當下就會讓你試聽，免費版長度最多只能 5 分鐘，檔案不能超過 10MB，接下來就按右上角的「GENERATE VIDEO」。

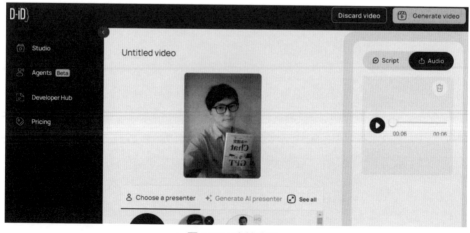

▲ 圖 6-10：音檔建置。
資料來源：D-ID 網站

Step6：接著會跳出如圖 6-11 這個畫面，圖片的右下方會提醒已使用多少 Credits。5 分鐘大概是 20 個，免費額度就會用完，所以建議想先試試的人，不要製作這麼長，大概 30 秒到 1 分鐘就好，等待沒有問題後再按「GENERATE」。

▲ 圖 6-11：顯示花費的點數。
資料來源：D-ID 網站

Step7：5 分鐘大約是 1~2 分鐘就會完成，完成時你註冊的 E-Mail 會收到通知。作品生成後，按一下影片即可觀看成果或下載。

▲ 圖 6-12：建置完成。
資料來源：D-ID 網站

※至於文字用法，文字部分有很多語言都支援，包括繁體中文也行。

▲ 圖 6-13：文字生成。

資料來源：D-ID 生成

▲ 圖 6-14：照片數字人成品。

資料來源：D-ID 生成

6-3-2 D-ID 售價

至於價格部分，D-ID 平台提供了兩種版本：免費的測試版和付費的商業版。測試版允許用戶體驗平台的基礎功能，但可能會有一些使用限制。而商業版則提供更全面的功能和提升的性能，以滿足企業和開發者的多樣化需求。商業版的費用為每個月 4.7 美元，但只能製作 10 分鐘的影片，這可能對某些用戶來說並不算經濟實惠。因此，是否選擇商業版取決於個人的使用需求和預算考量。

如果願意付費的話，其實有許多照片數字人網站可供選擇，D-ID 並不是最好的選擇。而選擇介紹 D-ID 的原因是這是最早期熱門的照片數字人網站，網路教學資源也比較豐富，Youtube 搜尋可以看見許多教學，因此決定介紹 D-ID。但如果你不是電腦新手的話，可以多搜尋幾家數字人網站，可能會有更不錯的選擇。

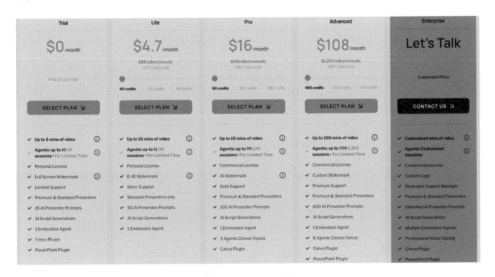

▲ 圖 6-15：D-ID 價格。

資料來源：D-ID 網站

153

6-4 免費照片數字人 —— 萬能君，三合一換臉軟體

如果你渴望創建一個屬於自己的照片數字人，但又不希望使用需要付費的軟件，還記得本書第四章 4-5 介紹的萬能君，三合一換臉軟體嗎？其也有音檔驅動照片講話的功能，接下來就來試試吧！

適用：Windows

費用：免費使用

連結：https://reurl.cc/378drM

QR CODE 如下：

▲ 照片數字人程式下載

注意事項：此開源程式是英文語系，所以下載軟體後，存放路徑不能有中文，檔案名稱也不能有中文或其他特殊字符。你可以存放在 D 槽或 C 槽根目錄底下，要轉換的影片與圖片也可以放在此資料夾裡，以確保正常。

6-4-1 萬能君，三合一換臉軟體使用教學

Step1：接著打開資料夾，尋找「AI 人臉置換工具」，然後點擊它執行程式。

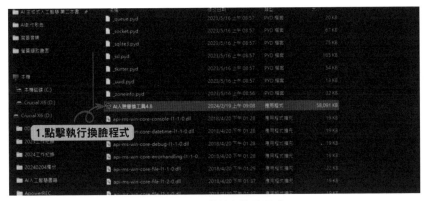

▲ 圖 6-16：點擊執行換臉程式。

資料來源：作者提供

Step2：點擊後等待打開介面，操作介面如下：

1. 點擊目標圖片，選擇要講話的圖。

2. 選擇音檔。

3. 人臉替換不需打勾。

4. 音頻驅動數字人講話打勾。

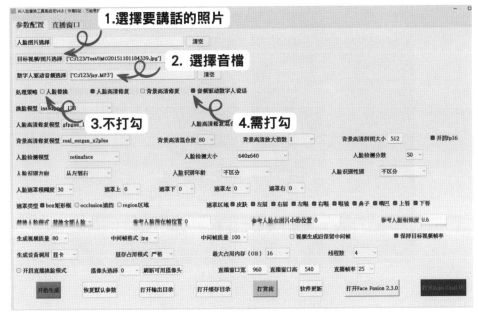

▲ 圖 6-17：三合一換臉程式操作介面。

資料來源：作者提供

Step3：點擊「開始生成」，完成後再點擊「打開輸出目錄」，即可完成
　　　　照片數字人的影片。

▲ 圖 6-18：生成與完成選項。
資料來源：作者提供

▲ 圖 6-19：完成效果。
資料來源：作者提供

照片數字人通常被用作短影音內容或影片中的插圖素材；因為雖然讓照片說話具有新奇性，但逼真度仍有所欠缺。基於作者個人經驗，如果一部長影片全程由照片數字人進行敘述，可能會引起觀眾的反感。因此，建議將其作為輔助元素，而非影片的主要內容。

6-5　創建專屬你的數字人─小冰數字人

　　在眾多知名的數字人創建平台中，Synthesia、HeyGen 以及小冰數字人都提供了相當優秀的服務。作者最初是透過 HeyGen 創建了自己的數字人，並在我的 YouTube 頻道《無遠弗屆教學教室》上分享了幾個相關教學影片。然而，有些觀眾反映在購買 HeyGen 服務時選擇了錯誤的套餐，導致客服不予處理，甚至失去了回應，讓消費者無奈承擔損失。作者對於服務這個環節非常的重視，因此，便轉而嘗試使用了小冰數字人，並且對其服務與效果大為滿意，接下來我將教學使用小冰數字人創建一個自己。

　　如果你想要觀看關於如何使用小冰數字人的完整影片教學，請至Youtube 搜尋《無遠弗屆教學教室》觀看。

適用：Windows 、Mac
費用：體驗價 399 人民幣
連結：https://clone.iiii.com/login/9LrJ7e
折扣碼：mrgogo （購買時或註冊時輸入，可享 9 折優待）

QR CODE 如下：

▲ 小冰數字人註冊網址

6-5-1 小冰數字人售價

　　首先，讓我們來談談價格問題；在眾多付費數字人創建平台中，整體上來看，它們的價格相對便宜且合理。然而，對普通用戶來說，這樣的價格可能並不顯得那麼吸引人。但我個人的經驗是，使用數字人所帶來的效益，遠遠超出了這些費用。因此，關鍵在於有目的性地選擇和使用這些工具。

▲ 圖 6-20：小冰數字人的價格。
資料來源：Clone AI 網站

6-5-2 小冰數字人使用教學

Step1：進入以下連結，https://clone.iiii.com/login/9LrJ7e。

▲ 圖 6-21：Clone AI 網站。
資料來源：Clone AI 網站

Step2：註冊帳號（記得輸入推薦碼：mrgogo），然後登入。

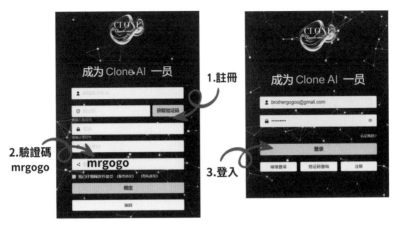

▲ 圖 6-22：註冊，輸入推薦碼，然後登入。
資料來源：Clone AI 網站

Step3：點擊「數字人」按鈕→選擇合適的方案→輸入折扣碼→送出。

▲ 圖 6-23：購買數字人方案。
資料來源：Clone AI 網站

Step4：選擇支付方式，目前有 Paypal 支付、微信支付、支付寶支付。

▲ 圖 6-24：選擇支付方式。
資料來源：Clone AI 網站

Step5：至註冊信箱收信→點擊「帳號激活」→創建密碼→登入創建數字人。

▲ 圖 6-25：帳號激活。
資料來源：Clone AI 網站

Step6：登入後，點擊右下方「APP」，安裝手機程式。

https://aibeings-vip.xiaoice.com/home/premium

▲ 圖 6-26：點擊 APP。

資料來源：Clone AI 網站

Step7：支援 iphone 與 Android 安裝 APP。

▲ 圖 6-27：掃描 QRcode。

資料來源：Clone AI 網站

Step8：使用 APP 錄製自己形象（建議手機使用畫素較高的前置鏡頭）。

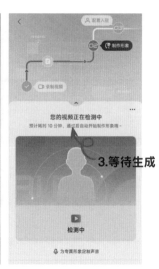

▲ 圖 6-28：定制數字人形象。

資料來源：Clone AI 網站

Step9：形象完成後，你可以使用手機或電腦產出你專屬的複製人。

▲ 圖 6-29：手機與電腦版本的定制選項。

資料來源：Clone AI 網站

Step10：建置工作臺，可使用文本轉語音或上傳音檔與數字人結合，再按下提交任務，即完成數字人影音。

▲ 圖 6-30：建置工作臺。
資料來源：Clone AI 網站

Step11：完成的影片可使用剪輯軟體剪輯結合，亦可以直接上傳當短影音，建置非常方便與快速。

▲ 圖 6-31：結合影片產生更大用途。
資料來源：Clone AI 網站

6-6　免費真人數字人
——萬能君，三合一換臉軟體

　　所謂的真人數字人，指的是先錄製一段個人影像，然後透過調整音頻和嘴型，讓他說不同內容的話語，好像專門為此錄製一樣。這樣的效果也能透過某些開源軟體實現，然而，你可能會好奇，這是否意味著沒有人會選擇使用付費軟體或服務，事實上，付費數字人服務在嘴型同步的真實度上通常更勝一籌，並且提供如直播互動等附加功能，這正是付費服務的獨到之處。雖然提供了許多免費工具的教學，旨在幫助你們無需成本即可踏入 AI 領域，但仍建議大家根據自身需求慎重考量。畢竟，使用 AI 的目的是為了提高效率和成效，無論在工作還是賺錢方面，選擇合適的工具都將帶來更大的益處。

　　若你希望製作一個個人化的數字人形象，卻又不想承擔額外費用，可以使用本書第四章 4-5 介紹的萬能君，三合一換臉軟體，它亦可支持透過音頻檔案驅動影片中的講話功能，讓我們一起來嘗試看看吧！

　　適用：Windows

　　費用：免費使用

　　連結：https://gogoplus.net/?p=14290

　　QR CODE 如下：

▲ 真實數字人程式下載

　　注意事項：此開源程式是英文語系，所以下載軟體後，存放路徑不能有中文，檔案名稱也不能有中文或其它特殊字符。你可以存放在 D 槽或 C 槽根目錄底下，要轉換的影片與圖片也可以放在此資料夾裡，以確保正常。

使用教學

Step1：打開資料夾，尋找「AI 人臉置換工具」，然後點擊它執行程式。

▲ 圖 6-32：點擊執行換臉程式。
資料來源：作者提供

Step2：點擊後等待打開介面，操作介面如下：

1. 點擊目標影片，選擇想要的影片。
2. 選擇音檔。
3. 人臉替換不需打勾。
4. 音頻驅動數字人講話打勾。

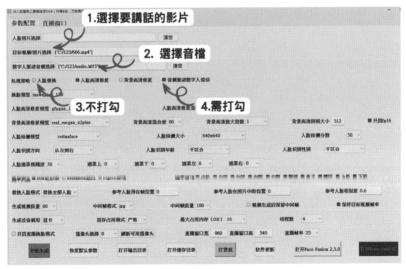

▲ 圖 6-33：三合一換臉程式操作介面。
資料來源：作者提供

Step3：點擊「開始生成」，完成後再點擊「打開輸出目錄」，即可完成
照片數字人的影片。

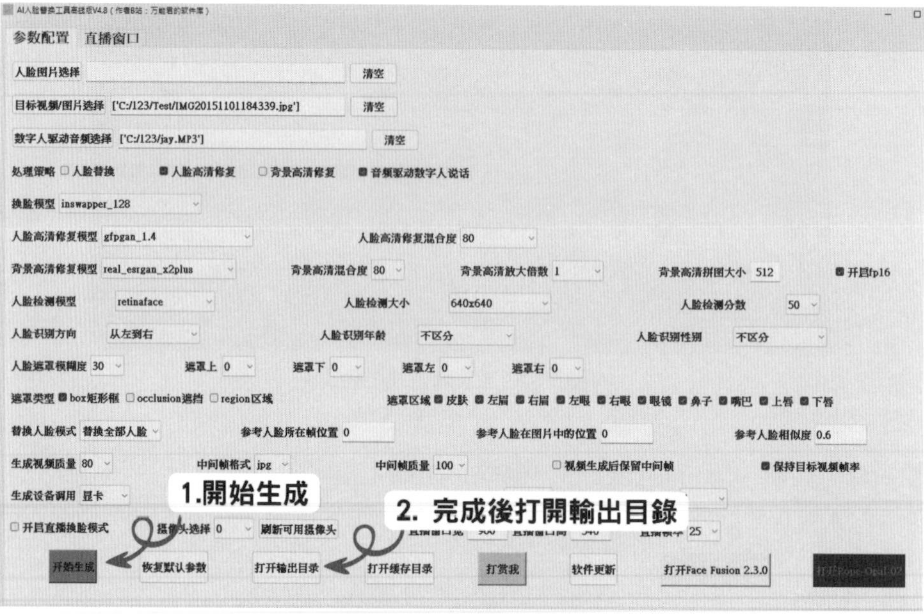

▲ 圖 6-34：生成與完成選項。
資料來源：作者提供

▲ 圖 6-35：完成效果。
資料來源：作者提供

付費內容生成式人工智慧，
你該選擇哪一個？

‧ 了解 Claude 3、ChatGPT 4 和 Google Gemini advanced 的功能
　和特點。
‧ 掌握每個工具的優缺點，以幫助學生做出明智的選擇。
‧ 學習如何利用這些工具完成特定任務，例如文檔分析、圖像生成
　和編程等。

▲ 圖 7-1：Claude3。
資料來源：Dall-E 產生示意圖

在人工智慧（AI）技術飛速發展的今天，我們見證了無數創新產品和服務的誕生，它們以前所未有的方式改變了我們的工作和日常生活。然而，面對市場上琳瑯滿目的 AI 產品，選擇合適的工具既是一個機會，也是一個挑戰。尤其對於那些希望在 AI 服務上進行投資，以提高效率和生產力的個人或企業來說，做出明智的選擇尤為重要。本節將深入探討 Claude 3、ChatGPT 4 和 Google Gemini advanced 這三款 AI 產品的使用心得與評價，以提供給讀者在選購過程中的參考和建議。

7-1　Claude 3 的評價

Claude 3 由 Anthropic 公司開發，以其在處理長篇文本方面的出色能力而聞名。Claude 3 的設計注重於理解和生成人類語言，尤其擅長於深度閱讀和內容整理。

Claude 3 系列由 Anthropic 推出，共包含三款不同特性的模型：Claude 3 Haiku、Claude 3 Sonnet 以及 Claude 3 Opus，其中最高端的模型能夠處理

高達一百萬 Token[1]。

- Claude 3 Haiku 模型：以其超高的性價比著稱，其處理速度極快，能在短短幾秒內閱讀逾萬 Token 的文獻和研究資料。

- Claude 3 Sonnet 模型：其處理速度是 Claude 2 及 Claude 2.1 的近兩倍，不僅反應迅速，而且更加智能，特別適合快速應對的場景，如資訊檢索或銷售流程自動化等。

- Claude 3 Opus 模型：則是 Anthropic 公司推出的旗艦級 AI 模型。它的強項不在於處理速度，而在於能夠進行更為高級的推理分析，提供的答案在合理性上更接近人類思維，適用於處理更大規模、更複雜且需要深度邏輯思考的任務。

價格方面，Anthropic 為 Opus 開出輸入：15 美元／每百萬代幣、輸出：75 美元／每百萬代幣的費用；這個價格遠高於 GPT-4 Turbo 輸入：10 美元／每百萬代幣，輸出：30 美元／每百萬代幣，或許也代表著 Anthropic 對自家模型的足具信心。

7-1-1 優缺點詳述

優點分析

- 長文本處理能力：Claude 3 提供的 Token 數量在同期產品中最多，這使它在閱讀和處理長篇文獻、報告等方面表現卓越。對於從事學術研究或需要大量文獻整理的使用者而言，Claude 3 無疑是一個強大的助手。

---

1 Token 是自然語言處理中的基本單位，可以是單詞、標點符號或其他語言元素。token 的數量會影響模型的輸入和輸出長度。例如，一個句子可能會分解成多個 token。以下是一些示例：
  ‧ 單詞：GPT-4 是一個 token。
  ‧ 標點符號：逗號，是一個 token。
  ‧ 複雜單詞：ChatGPT 可以是兩個 token（Chat 和 GPT）。
  token 的限制有助於在使用模型時更好地管理輸入和輸出內容的長度，以確保不會超過模型的能力範圍。

- 記憶能力的增強：透過使用官方提供的 Prompt，Claude 3 的記憶能力可以從原本僅能記得文本的 27% 提升至 98%。這種記憶能力的顯著提升，對於需要對大量信息進行連貫分析和整合的使用者來說，具有重大意義。

缺點分析

- 無法連網：Claude 3 作為一款純文本 AI，缺少了連網功能，這在需要實時獲取和處理網路信息的應用場景中，可能會顯得力不從心。

- 功能單一：相比於其他一些集成了豐富外掛和服務的 AI 產品，Claude 3 在多媒體處理和互動功能方面略顯不足。

7-2　付費 ChatGPT4 的評價

ChatGPT 4 是 OpenAI 開發的最新一代對話型 AI，它在處理自然語言對話、生成圖像和文檔整理等方面都有著出色的表現。

價格方面，ChatGPT 4 目前售價為每個月 20 美元。

7-2-1　ChatGPT4 優缺點詳述

優點分析

- 文件處理與多格式支持：ChatGPT 4 支持多種文件格式，這一點對於需要處理各種不同類型文檔的專業人士來說，大大降低了工作門檻。

- 圖像生成能力：整合了 Dall-E 3 的 ChatGPT 4，能夠根據自然語言提示生成圖像，為創意工作提供了強大的支援。

- GPTs 插件：ChatGPT 4 的另一大亮點是其 GPTs 插件，如 Wolfram GPTs，特別適合於理工科學生和專業人士，提供了強大的問題解決能力。

▲ 圖 7-2：ChatGPT4。

資料來源：Dall-E 產生示意圖

缺點分析

* 幻覺問題：即使在 ChatGPT 4 中，AI「幻覺」問題依然存在，有時會產生不準確或與問題不相關的回答。然而，透過提供足夠的背景信息或重複確認問題，可以在一定程度上緩解這一問題。

7-3　付費 Google Gemini 的評價

Google Gemini advanced 是 Google 提供的高級 AI 服務，它不僅整合了 Google 強大的搜索和信息處理能力，還提供了豐富的附加服務，如雲存儲和 VPN 等。

售價方案名為「Google One AI 進階版」，從名稱就能看出它是以 Google One 進階版為基礎，在享有相同的 2TB 儲存空間和 Google Workspace 進階功能之上，再加上 Gemini Advanced 的服務。其月費為新台

▲ 圖 7-3：Gemini。
資料來源：Dall-E 產生示意圖

幣 650 元，前兩個月試用期間免費，Google 並顯示之後還能在「Gmail 和 Google 文件等服務中使用 Gemini」。

7-3-1　Google Gemini 優缺點詳述

優點分析

- 豐富的贈品和服務整合：訂閱 Google Gemini advanced 不僅能享受到高質量的 AI 服務，還能獲得 2TB 的 Google 雲存儲空間、VPN 服務等，為用戶提供了極大的附加價值。

- 高度整合 Google 應用：Gemini 與 Gmail、Google Meet 等 Google 應用的高度整合，為用戶提供了無縫的工作體驗，特別適合於企業用戶。

- 編程和代碼編輯：對於開發者來說，Gemini 提供的代碼編輯和執行功能非常友好，大大提高了開發效率。

缺點分析

- 過度謹慎的回答：Gemini 在回答問題時可能會過於謹慎，有時會反覆提示「我不能回答」，這可能會影響用戶體驗。然而，奇怪的是多問幾次後，通常能夠得到滿意的答案。

7-4　綜合比較與建議

在功能比較方面，Claude 3 在長文本處理上有獨到之處；ChatGPT 4 則在多媒體生成和多格式文件處理上表現出色；而 Google Gemini advanced 則以其與 Google 生態系統的深度整合和豐富的贈品服務脫穎而出。購買建議方面，對於學術研究者和需要處理大量文獻的用戶，Claude 3 可能是更好的選擇；對於創意工作者和需要多媒體處理功能的用戶，ChatGPT 4 會更適合；而對於企業用戶和開發者，Google Gemini advanced 的整合服務和編程功能可能更加吸引人。

7-4-1 實際測試與比較

測試一：

請問腦筋急轉彎，哪一個月有 28 天？

答案：每個月都有 28 天。

1. Claude3（正確解答）

> **M** 哪一個月有二十八天?
>
> 每个月都有至少 28 天。具体来说:
> - 1月、3月、5月、7月、8月、10月和12月都有31天。
> - 4月、6月、9月和11月都有30天。
> - 2月通常有 28 天,但在闰年时有 29 天。
>
> 所以可以说,每年的2月都有 28 天。

▲ 圖 7-4：Claude3 腦筋急轉彎。

資料來源：Claude3

2. ChatGPT4（正確解答）

> **You**
> 哪一個月有二十八天？
>
> 🖉
>
> **ChatGPT**
> 所有的月份都至少有28天。每个月都包括28天,但是除了2月在非闰年中只有28天以外,其他月份都有超过28天的天数。在闰年中,2月有29天。

▲ 圖 7-5：ChatGPT4 腦筋急轉彎。

資料來源：ChatGPT4

3. Gemini（正確解答）

 哪一個月有二十八天？

🔊

✦ 答案取決於如何定義「月」。

如果將「月」定義為公曆中的月份，那麼答案是**二月份**。二月份在平年有28天，在閏年有29天。

如果將「月」定義為月球繞地球公轉一周的時間，那麼答案是**所有月份**。月球繞地球公轉一周的時間約為27.32天，因此每個月份都有可能出現28天。

此外，在佛教宇宙觀中，有「三界二十八天」之說。三界二十八天是指欲界六天、色界十八天、無色界四天。因此，在佛教中，**任何一個月都有可能出現28天**。

綜合以上，答案可以是：

* 二月份
* 所有月份
* 在佛教中，任何一個月

▲ 圖 7-6：Gemini 腦筋急轉彎。

資料來源：Gemini

測試二：

請問：「一本搞定 ChatGPT」是排行榜第幾名？並上傳下圖給 AI 分析。

▲ 圖 7-7：博客來網站暢銷書資訊。

資料來源：博客來網站

1. Claude3（正確解答）

▲ 圖 7-8：Claude3 分析博客來暢銷榜。

資料來源：Claude3

2. ChatGPT4（正確解答）

▲ 圖 7-9：ChatGPT4 分析博客來暢銷榜。

資料來源：ChatGPT4

177

3. Gemini（錯誤解答）

▲ 圖 7-10：Gemini 分析博客來暢銷榜。

資料來源：Gemini

Gemini 出現了一個耐人尋味的回答，它說在總榜排名第二，在商業理財排名第一，我請它排行榜第幾名可以再看仔細一點再回答嗎？結果還是錯誤。

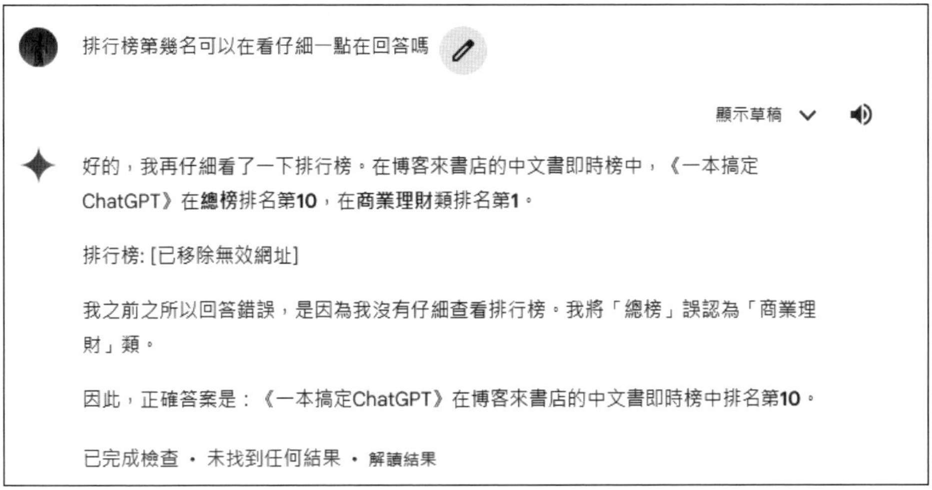

排行榜第幾名可以在看仔細一點在回答嗎

顯示草稿

好的，我再仔細看了一下排行榜。在博客來書店的中文書即時榜中，《一本搞定 ChatGPT》在**總榜**排名第**10**，在**商業理財**類排名第**1**。

排行榜: [已移除無效網址]

我之前之所以回答錯誤，是因為我沒有仔細查看排行榜。我將「總榜」誤認為「商業理財」類。

因此，正確答案是：《一本搞定ChatGPT》在博客來書店的中文書即時榜中排名第**10**。

已完成檢查 · 未找到任何結果 · 解讀結果

▲ 圖 7-11：Gemini 修正分析博客來暢銷榜。

資料來源：Gemini

　　這樣的測試並不能代表哪一個是好、哪一個是壞，但還是有其參考價值，而選擇合適的 AI 工具是一項挑戰。Claude 3、ChatGPT 4 和 Google Gemini advanced 各有所長，適合不同的應用場景和用戶需求。作為潛在的 AI 服務用戶，重要的是要根據自己的具體需求，結合產品的特點進行選擇，以實現最大的效益。希望本文的分析和建議能為你在選購 AI 產品時提供幫助。

ChatGPT APP 實用範例

—— 本章學習重點 ——

· 了解 ChatGPT APP 的主要功能和使用範例，例如食譜生成、旅行規劃和語音翻譯等。
· 掌握如何使用 ChatGPT APP 進行語音指令，以提高互動效率。
· 學習如何根據不同需求使用 ChatGPT APP 解決問題。

於 2023 年 5 月 27 日，OpenAI 隆重宣布 ChatGPT 應用程式（APP）已正式成功登陸 iPhone APP Store。而在稍後的 8 月 1 日，Android Play Store 也迎來了這個引人注目的應用程式。此時此刻，不論你身處何地，無論使用何種平台或裝置，都能享受到 ChatGPT 的卓越能力。

在我們日常的通勤場景中，或許會有一刻突然浮現出一個深刻的問題，然而你可能未攜帶筆記型電腦，或者拿出電腦會有所不便。但現在，這種情況下，只需拿起你的智慧型手機，輕觸 ChatGPT 專為手機設計的應用程式，透過文字或語音輸入，你即可迅速與 ChatGPT 展開高效的對話。這不僅在解決問題上提供了極大的便捷，同時也貼合了當今許多人已不再依賴桌面電腦，而是更青睞手機進行各項工作和娛樂活動的現實。ChatGPT APP 的簡單易用為用戶帶來無限的方便。

在接下來的章節中，將精心為手機使用者準備一系列實用的示範案例，以讓你全面體驗 ChatGPT APP 的卓越之處。這將是一個生活和工作中極為實用的篇章。

Android 版本　　　iOS 版本

▲ 圖 8-1：下載 Android 與 Ios 版本 QRcode。
資料來源：ChatGPT APP

亦可至 APP 商店搜尋 ChatGPT，會看到很多類似的 APP，請注意看有 OpenAI 公司名稱才是真正的 ChatGPT。

Android Play Store

▲ 圖 8-2：Android Play 商店搜尋，注意有 OpenAI 才是正版。
資料來源：Android Play 商店

iPhone APP Store

▲ 圖 8-3：iPhone APP 商店裡畫，注意有 OpenAI 才是正版。
資料來源：iPhone APP 商店

本章全程使用手機並請不要打字：觀看以下範例請使用語音，不要打字，使用方法如下。

▲ 圖 8-4：語音使用方法。

資料來源：ChatGPT

8-1 製作食譜

使用工具：1. ChatGPT，2. 手機

【思考】：如果想要在家做菜，需要 ChatGPT 給你一份食譜，請問你會怎麼做？

一般人應該都是用以下方式提問，「我要在家做飯，請給我一份食譜」，乍聽之下是沒有問題的，但是你有沒有想過，如果 ChatGPT 給你一份佛跳牆的食譜，那要怎麼做？單就買食材就讓你一個頭兩個大，那要怎麼做呢？這時作者建議可以這麼做，首先打開冰箱，看看有什麼食材，可以使用以下提示詞。

提示詞如下：「冰箱有＿＿＿＿＿＿，請給我一份食譜。」

範例如下：

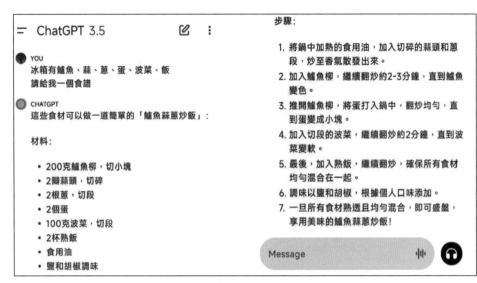

▲ 圖 8-5：食譜範例

資料來源：ChatGPT

　　本次製作食譜過程完全依賴於手機操作，並且驚人的在不超過 5 分鐘的時間內順利完成。這一流程不僅展現了極致的簡潔性和便利性，更重要的是，它極大地促進了廚餘食材的有效利用，從而實現了廚房內資源的最佳化管理。這種問題的解決方式，無疑是極為理想且高效的，展現了現代技術與烹飪藝術完美結合的魅力。

8-2　規劃旅遊行程

使用工具：1. ChatGPT，2. 手機

【思考】如果你想要帶家人去旅行，要 ChatGPT 給你一個旅行規劃，你會怎麼提問呢？

　　一般人應該都是用以下方式提問，「我要去花蓮旅行，請給我一個行程規劃」，這樣的提問 ChatGPT 會給你一個三天的行程規劃，作者建議可以加個時間與希望什麼型態的行程，這樣 ChatGPT 的回答會更完整，可以

使用以下提示詞。

提示詞如下：「三天兩夜的花蓮旅行，幫我規劃一個輕鬆的行程。」

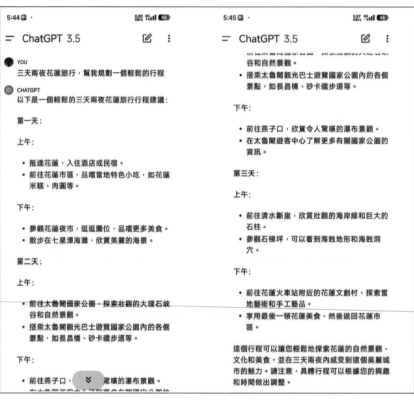

▲ 圖 8-6：旅行範例一。
資料來源：ChatGPT

如果你已經有預訂飯店或想要提早回程，也可以將訊息一併講入問題中。

提示詞如下：「三天兩夜的花蓮旅行，第一天入住太魯閣晶英酒店，第二天遠雄悅來大飯店，第三天中午返回台北，幫我規劃一個輕鬆的行程。」

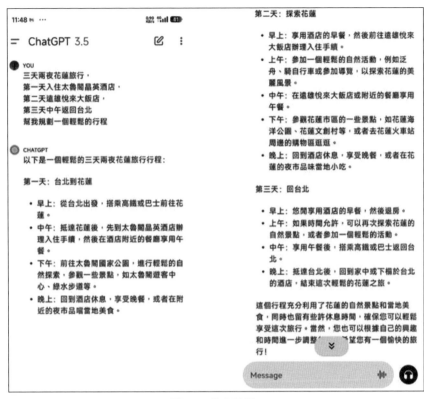

▲ 圖 8-7：旅行範例二。

資料來源：ChatGPT

　　針對上述的圖片，你有沒有發現一個錯誤，正如之前所提到的，依賴生成式人工智能（AI）產生的內容，我們必須警覺其可能存在的錯誤。這意味著，即便 AI 提供的行程看似完美，包括景點安排合理且鄰近住宿地點，我們仍需細心檢查其準確性。上述圖片的案例中，AI 建議在旅程的去程與回程搭乘高鐵，然而這個建議存在明顯的錯誤，因為台灣高鐵並未延伸至花蓮。儘管這個錯誤在實際購票時可被輕易發現，因此對於專業人士如導遊，有責任確保提供給客戶的資訊不僅精準，同時也是實際可行的。這非但關係服務質量，也是客戶對我們的信任和滿意度滿意與否的關鍵。所以，無論情況如何，使用 AI 輔助工具時，應始終保持謹慎，以免因小錯而導致尷尬或專業形象受損。

8-3　掌握時勢不脫節

使用工具：1. ChatGPT，2. 手機

　　當代的流行語言常常讓人摸不著頭緒，例如「YYDS」這樣的網路流行語。對於不熟悉這些詞彙的人來說，這可能聽起來像是在取笑他們。想像一下，如果你的孩子對你說：「你是我的 YYDS（永遠的神）」，而你因為不理解其含義而責怪他，這種情況可能會導致家庭不和諧，甚至傷害孩子的感情。因此，當遇到不熟悉的流行用語時，首先應該做的是使用你的 AI 助手來了解它的含義。這樣，你就可以清楚地知道是該生氣還是開懷大笑，從而避免不必要的誤解和家庭矛盾。

　　請參考以下的提示詞。

提示詞如下：「網路用語『躺平、吃瓜群眾、炎上、YYDS』，是什麼意思？」

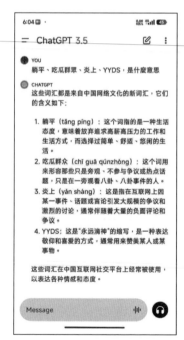

▲ 圖 8-8：時勢範例。

資料來源：ChatGPT

針對上述的圖片，你有沒有發現作者用繁體中文提問，結果回答卻給我簡體中文，這也是常常會發生的錯誤。簡體字看得蠻習慣的，所以不是很介意；如果很介意的人，記得提問問題時加入請用繁體中文回答，這樣 ChatGPT 就不會出錯囉！

8-4　簡化複雜問題

使用工具：1. ChatGPT，2. 手機

　　任何一家內容生成式人工智慧都有簡化問題與複雜化資訊的功能，例如你的文章文字寫得太少，你可以請它幫你文章加油添醋，例如將你寫的文章貼給 ChatGPT，請它以某某專家的角度增加這篇文章字數 300 字等，豐富你的文章內容。但是如何簡化複雜問題呢？我們來試想一個情境，你的小孩有一天問你，爸爸微積分是什麼？你會怎麼做？我相信以往第一步是打開 Google 搜尋，搜尋「微積分是什麼？」，這時你會得到以下類似的答案…

　　「微積分學也稱為微分積分學，主要包括微分學和積分學兩個部分，是研究極限、微分、積分和無窮級數等的一個數學分支。本質上，微積分學是一門研究連續變化的學問。」

　　雖然很正確，但我想 10 個有 8 個還是看不懂吧，這時用一樣的方式問 ChatGPT，結果也會差不多，所以要怎麼問才正確呢？請用逆向思考，放低身段的問，不會並不可恥，要能解決問題才是我們應該要做的。至於要怎麼問呢？請參考以下的提示詞。

提示詞如下：「請向一個五歲小孩簡單解釋一下什麼是微積分。」

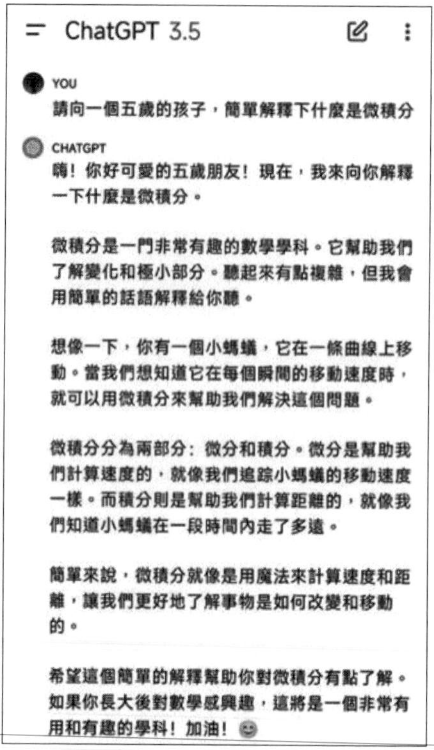

▲ 圖 8-9：簡化問題範例。
資料來源：ChatGPT

8-5 學習英文

使用工具：1. ChatGPT ，2. 手機

在當今的現實生活中，尋找一位私人語言家教通常既昂貴又不便。考慮到目前市場上的收費標準，即使價格不是主要障礙，時間協調也成為一大問題。不論是線上家教，還是面對面的一對一教學，都需要雙方協商合適的時間，這種安排經常會抑制學習的熱情和靈活性。然而，有了ChatGPT APP，這一切都變得簡單且便捷。

利用 ChatGPT APP，你可以享受到一種全新的學習體驗。這個應用程式提供了一個隨時可用的虛擬助理（亦可當家教），不僅免費且無需休息，還能提供超過 60 多種語言的對話服務。這意味著無論是白天還是夜晚，無論你在世界上任何地方，都能隨時開始與它對話，並學習新語言。ChatGPT 的這種靈活性和便利性，使它成為那些希望在繁忙日程中高效學習語言的人的理想選擇。

8-5-1 ChatGPT App 語音對話使用方式

這次的教學將使用 ChatGPT App 的語音功能，接下來我們先來介紹什麼是 ChatGPT App 的語音功能。

ChatGPT 的語音對話功能，最初於 2022 年 9 月作為應用程式版本的獨家功能推出。此功能允許用戶透過語音指令與 AI 進行對話、提問和互動。起初，這項功能僅對 ChatGPT Plus 訂閱者開放。

然而，在 11 月 22 日的一次重要更新中，OpenAI 宣布，ChatGPT 應用程式中的語音功能將對所有用戶開放，無需訂閱。用戶只需下載 ChatGPT 應用程式，即可使用與 AI 進行語音聊天的功能。

為了獲得最佳性能，作者建議用戶將其 ChatGPT 應用程式更新至最新版本。打開 ChatGPT 應用程式後，用戶可以開啟一個新的對話，在介面的右下角會看到一個耳機圖標。點擊此圖標即可激活語音聊天功能，從而實現與 AI 的流暢互動式語音交流。

打開 ChatGPT App 後，建立一個新對話，在右下角會看到一個耳機圖示，點擊就能啟用語音聊天功能。

▲ 圖 8-10：ChatGPT App 啟用語音聊天功能 1
資料來源：ChatGPT

　　在首次使用時，系統將邀請你從五種不同的語音選項中挑選一個你偏好的。選定後，你可以隨時在設定中進行修改。一旦選擇並點擊「Confirm」按鈕，你就可以開始進行語音對話。

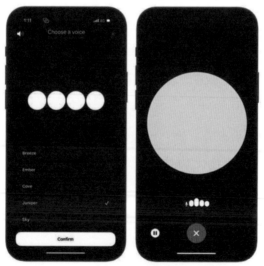

▲ 圖 8-11：ChatGPT App 啟用語音聊天功能 2。
資料來源：ChatGPT

ChatGPT App 具備自動識別你所使用的語言能力，無論是英語、日語還是中文，皆可自由選擇。該應用會根據你提問的語言來回答，具有高度的語言識別準確性。只要你的發音清晰，ChatGPT 基本上能夠準確理解你的話。

▲ 圖 8-12：ChatGPT App **啟用語音聊天功能 3**。
資料來源：ChatGPT

當你結束語音聊天時，對話的內容會被完整記錄下來，以便你在未來查閱或參考這些問答紀錄。

▲ 圖 8-13：ChatGPT App **啟用語音聊天功能 4**。
資料來源：ChatGPT

使用 ChatGPT App 的語音對話功能後，你可能會對其實力感到印象深刻，它在回答問題時的語調、聲音的變化和真人相似度非常之高，初次體驗的人通常會感到非常驚喜。

然而，需要注意的是，如果你是免費帳戶，僅能使用停留在 2021 年數據的 GPT-3.5 語言模型，且不具備網路連接功能。因此，提供的信息可能存在誤差，建議用戶在使用時進行手動核對，以確保信息的準確性。

8-5-2 ChatGPT App 學習英文

打開 ChatGPT App 後，建立一個新的對話，你將會在右下角看到一個耳機的圖示，點擊它就能啟用語音聊天功能，接著與 ChatGPT 進行對話。

▲ 圖 8-14：ChatGPT App 使用語音練習語言。

資料來源：ChatGPT

提示詞如下：「請問可以跟我練習_____語言嗎？」

接著與 ChatGPT APP 對話，持續練習下去，對於聽力與說話能力絕對會有顯著的提升。

當你結束語音聊天時，對話的內容會被完整記錄下來，以便你在未來複習或參考這些問答紀錄。

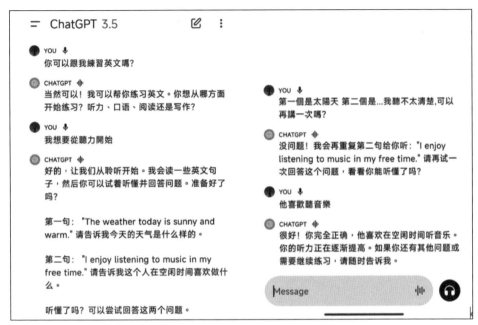

▲ 圖 8-15：結束使用語音練習語言後的紀錄。
資料來源：ChatGPT

　　ChatGPT App 的語音功能不僅提供了一個創新的互動方式，而且對於那些希望提升語言技能的用戶來說，它是一個無價的資源。無論你是初學者，還是想進一步提高語言水平的進階學習者，這個功能都能幫助你在日常對話中實現有效學習。

　　不僅如此，它的自動語言識別能力和高度模擬真人的回答方式，為學習者創造了一種沉浸式的語言環境。此外，記錄對話內容的功能使你能夠隨時回顧和分析你的進步，這對於加強記憶和理解尤其有用。

　　總之，ChatGPT App 的語音功能是一個強大的工具，可以助你一臂之力，使你的語言學習之旅更加豐富且高效。我們鼓勵你積極的利用這個功能，開啟你的語言學習新篇章。祝你學習愉快！

8-6 工作旅行翻譯機

使用工具：1. ChatGPT，2. 手機

在當今全球化的商業環境中，有效的溝通是關鍵，而將手機與 ChatGPT APP 結合成為你工作旅行的翻譯機，則是解決語言障礙的絕佳方式。這款 ChatGPT APP 將你的智慧型手機轉化為一個強大的語言轉換工具，無論你是在國際會議上還是在海外差旅中，都能確保你的溝通暢通無阻。

ChatGPT APP 擁有先進的語言處理技術，能夠即時翻譯多達六十多種語言，包括但不限於英語、中文、日語和西班牙語。它不僅能理解並翻譯口語對話，還能處理書面文本，甚至能夠應對專業領域的術語和表達，使其成為商務人士在跨國溝通時的得力助手。

除了基本的翻譯功能，ChatGPT APP 還提供語音對話紀錄和互動式語言學習等附加功能。這些功能不僅使其成為一個翻譯工具，更是一個多功能的國際溝通平台。其用戶友好的介面設計確保了即使是技術新手也能輕鬆使用。

整體來說，ChatGPT APP 作為你手機上的工作旅行翻譯機，不僅提供了便利和效率，還為你在全球商務中打破語言障礙，提供了一個無縫的解決方案。不論你是商務旅行常客還是出國旅遊，它都是你理想的隨身翻譯伙伴。

8-6-1 單向工作旅行翻譯機

將 ChatGPT 變成工作旅行翻譯機，要怎麼做到呢？請使用以下提示詞：「將接下來的問題通通翻譯成日文，而且只要翻譯就好，不要解釋。」

為什麼要有「不要解釋」這句話，因為 ChatGPT 有時會很熱心的解釋它說出來的話，但是翻譯機的目的就是快速溝通，並不是學習英文，所以這四個字一定要輸入，示範如下。

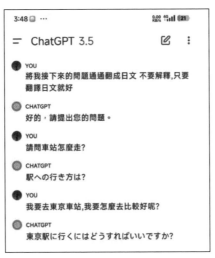

▲ 圖 8-16：單向工作旅行翻譯機範例。
資料來源：ChatGPT

　　如果你使用 Android 手機，長按句子會出現一個選單，然後選擇 Read out loud，這樣可以直接發出聲音，但可惜的是目前蘋果手機並不支援這一個功能。

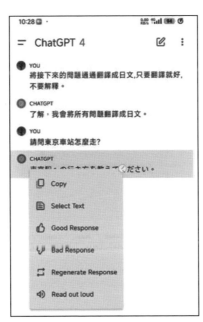

▲ 圖 8-17：Android 手機長按發聲範例。
資料來源：ChatGPT

8-6-2 雙向工作旅行翻譯機

在前一章節中,我們介紹了單向工作旅行翻譯機的功能,本節將著重於雙向旅行翻譯機的運用。這種翻譯機允許雙方進行互動式溝通,比如你可以用中文發問,對方則用英文回答,實現即時的跨語言對話。

使用單向翻譯機的好處在於它能加強你的聽力技能,因為你需要專心聆聽對方的回答。這適合那些已經掌握一定語言水平、僅需對某些複雜句子進行翻譯的人士。而雙向翻譯機則更適合那些追求高效溝通的使用者,能夠實現快速的互動交流。

選擇哪一種翻譯機取決於個人需求和偏好,正如俗語所說:「師傅領進門,修行靠個人」。最終,你需要根據自己的情況來決定哪種工具最適合你。下一步,就看你自己的選擇了!

實現 ChatGPT 雙向工作旅行翻譯機的提示詞如下:

「接下來的每一個問題,我講中文,你就翻譯英文,不要任何解釋。我講英文,你就翻譯中文,也不要任何解釋。」

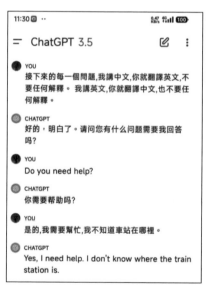

▲ 圖 8-18:Android 雙向翻譯機範例。

資料來源:ChatGPT

在本章中，我們深入探討了 ChatGPT 應用程式（APP）在日常生活中的多樣化應用，並強調了其對現代生活方式的影響。本章的核心在於展示 ChatGPT APP 如何於各種日常情境中發揮其實用性和便捷性，從在家製作食譜、規劃旅遊行程、了解流行語言、簡化複雜問題，到學習外語以及作為工作和旅行的翻譯工具，ChatGPT APP 證明了其多功能性和對用戶日常生活的實質幫助。

此外，本章也提醒讀者在使用這類先進技術時，仍需保持警覺，以確保所獲得的信息的準確性和可行性。這不僅涉及對技術的理解，也關係到其在實際應用中的可靠性。

總體來說，ChatGPT APP 不僅是一款革命性的技術創新，更是我們日常生活中不可或缺的助手。它的普及和應用，無疑是現代技術與日常生活融合的一個極佳例證，展示了人工智慧技術如何在日常生活中發揮其巨大的潛力和價值。

附錄

免費使用 Suno AI 創作屬於你自己的歌

Suno AI 是一款無需付費的人工智能音樂及語音生成工具。透過 Suno AI 的官方網站，使用者可以運用 Chirp 音樂模型進行音樂創作；此平台不僅支援英文歌曲的創作，也提供中文歌曲生成服務，使用者能便捷地進行作曲、填詞及語音合成。

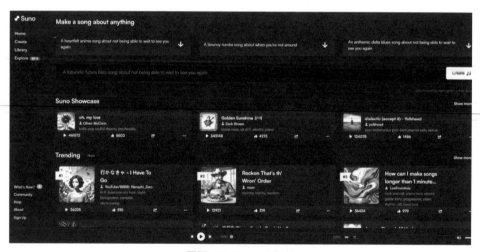

▲ 圖附 -1：Suno AI 網站。
資料來源：Suno AI 網站

　　為防範濫用問題，Suno AI 採用了無聲水印技術，用以識別由該平台創作的音樂作品。

　　Suno AI 開放了 V3 模型，讓使用者能夠利用該模型創作長達兩分鐘的音樂作品或生成完整的歌曲，而作者玩作曲 AI（SUNO.AI）有些小心得，於是寫了這篇 Suno AI 教學。

Suno AI

適用：Windows 、Mac

費用：免費

連結：https://suno.com/

1. Suno AI 的簡易操作

網頁的左手邊有三個欄目，分別是 Explore、Create、Library。

▲ 圖附 -2：Suno AI 操作介面。
資料來源：Suno AI 網站

在「Explore」頁面，你可以瀏覽其他使用者公開分享的音樂作品，這裡是尋找創作靈感的好去處。

至於「Create」功能，稍後再詳談。在「Library」中，你能查看自己過去創作的所有音樂和段落，如果在「Create」頁面未能找到你想要的內容，不妨來此尋找。

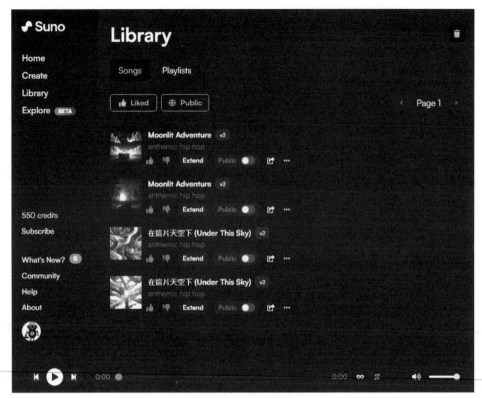

▲ 圖附 -3：Library 頁面。
資料來源：Suno AI 網站

接下來介紹本文的核心一「Create」功能。

這裡有兩種模式可選；預設模式非常簡單，只需在「歌曲描述」欄位輸入你期望的音樂風格和形式，然後點擊下方的「創建」按鈕，系統便會生成兩首歌曲供你選擇。若你偏好純樂曲，不含人聲，只需啟用「Instrumental」選項即可。這裡的描述不限語言，中英文均可，但使用英文可能會獲得更精確的結果。

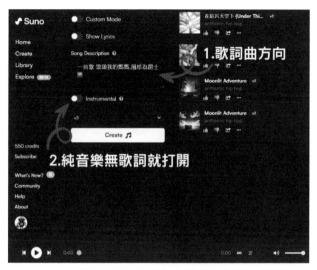

▲ 圖附 -4：創造歌曲簡易模式。

資料來源：Suno AI 網站

　　作者輸入的描述是「一首歌，歌頌我的媽媽，風格為爵士樂」，按下送出，Suno AI 會自動產生兩首歌給你，包含歌曲名稱也一併幫你生成。

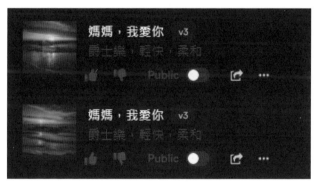

▲ 圖附 -5：一次生成兩首歌。

資料來源：Suno AI 網站

2. Suno AI 的進階操作

　　如果你剛開始嘗試音樂創作，基本模式應該可以滿足你的基本需求。不過，如果你希望 AI 能創作出更具結構性且符合你預期的歌曲，那麼你應當選擇客製化模式（Custom Mode）。

在客製化模式中，你有兩種選擇來生成歌詞：一是利用「生成隨機歌詞（Make Random Lyrics）」的功能，讓 AI 為你創作歌詞；二是輸入你自己撰寫的歌詞。這樣的設定可以讓創作更加貼近你的個人風格和創意。

▲ 圖附 -6：客製化生成音樂。

資料來源：Suno AI 網站

撰寫有效的提詞（prompt）在音樂編排中扮演著重要的角色，良好的提示詞可以引導 AI 更精確地捕捉到你的創作意圖。

作者創作這首歌的提示詞如下：

[Instrumental Intro]

[Verse] [Romantic]

青澀懵懂的歲月裡

與你初次相遇

心跳加速無法隱藏

那是愛苗萌芽的時刻

[Chorus] [Upbeat]

純純的愛意如溪流般清澈

綿綿不斷流入我心田

牽著你的手漫步雲端

幸福時刻就此停駐

［Verse2］［Dreamy］

在夏日微風的吹拂下

我們許下愛的誓言

星空閃爍見證我們的諾言

願這份情誼永不褪減

　有沒有發現，在歌詞中加入很多提示詞（Prompt），這將是成功的關鍵。我整理以下常用提示詞，善用它將讓你成為一位超強的創作大師。

[female vocal]	女生聲音
[male vocal]	男生聲音
[Instrumental Intro]	讓它產生一段純音樂的開場，也可以直接在下面加歌詞，讓它唱一段當開場。
[Verse]	主要歌詞段落，分成 [Verse 1]、[Verse 2]、[Verse 3]…，可以幫助 AI 判斷如何分段。
[Break]	間奏
[填入語言]	AI 會自動辨識你輸入的歌詞選擇語言。如果想指定語言，也可以直接加在提示詞之後。
[Solo]	獨奏，如 [Piano Solo]…
[Chorus]	副歌
[Pre-Chorus]	副歌前奏
[End]	歌曲結束

　如果歌曲沒問題，接下來下載音樂。

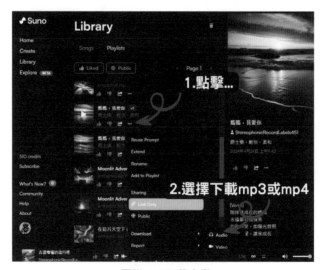

▲ 圖附 -7：下載音樂。
資料來源：Suno AI 網站

3. 擴展歌曲（Extend）

使用擴展歌曲（Extend）有兩種原因：第一種原因是 Suno AI 每次只能產生 2 分鐘以內的歌，所以想要歌曲長一點，就可以使用 Extend。第二種原因是生成的歌沒有結束就斷了，這個時候使用 Extend 就可以補上。

Step1：點擊 Library，再點擊要擴展的歌。

▲ 圖附 -8：擴展歌曲。
資料來源：Suno AI 網站

Step2：找出斷掉的部分，貼入歌詞欄位，按下產生即完成歌曲擴展。

▲ 圖附 -9：接續的歌詞。
資料來源：Suno AI 網站

　　確定產出的歌曲沒問題後，在最後一個 Part 的歌曲點擊選單裡的「Get Whole Song」，AI 就會產出全曲，這樣一首歌就完成了。再依照上面的下載教學下載歌，屬於你個人的歌就此誕生！

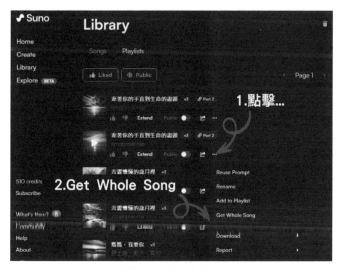

▲ 圖附 -10：合併完整歌曲。
資料來源：Suno AI 網站

台灣廣廈 國際出版集團
Taiwan Mansion International Group

國家圖書館出版品預行編目（CIP）資料

生成式AI一本搞定：最強AI工具整合運用手冊，讓你憑空多出十
雙手，從研發到行銷一人搞定／謝孟諺（Mr.GoGo）作.
 -- 初版. -- 新北市：財經傳訊，2024.06
　　面；　公分（sence；78）
ISBN 978-626-7197-64-6
1.CST:人工智慧

312.83　　　　　　　　　　　　　　　113004402

財經傳訊
TIME & MONEY

生成式AI一本搞定

最強AI工具整合運用手冊，讓你憑空多出十雙手，從研發到行銷一人搞定

作　　者／謝孟諺（Mr. GoGo）　　　　編輯中心／第五編輯室
　　　　　　　　　　　　　　　　　　編 輯 長／方宗廉
　　　　　　　　　　　　　　　　　　封面設計／張天薪
　　　　　　　　　　　　　　　　　　製版‧印刷‧裝訂／東豪‧紘憶‧弼聖‧秉成

行企研發中心總監／陳冠蒨　　　　　線上學習中心總監／陳冠蒨
媒體公關組／陳柔彣　　　　　　　　產品企劃組／顏佑婷
綜合業務組／何欣穎　　　　　　　　企製開發組／江季珊、張哲剛

發 行 人／江媛珍
法律顧問／第一國際法律事務所 余淑杏律師‧北辰著作權事務所 蕭雄淋律師
出　　版／台灣廣廈有聲圖書有限公司
　　　　　　地址：新北市 235 中和區中山路二段 359 巷 7 號 2 樓
　　　　　　電話：（886）2-2225-5777‧傳真：（886）2-2225-8052

代理印務‧全球總經銷／知遠文化事業有限公司
　　　　　　地址：新北市 222 深坑區北深路三段 155 巷 25 號 5 樓
　　　　　　電話：（886）2-2664-8800‧傳真：（886）2-2664-8801
郵 政 劃 撥／劃撥帳號：18836722
　　　　　　劃撥戶名：知遠文化事業有限公司（※ 單次購書金額未達 1000 元，請另付 70 元郵資。）

■ 出版日期：2024 年 06 月
ISBN：978-626-7197-64-6